创意未来——装饰材料创作营
Creative Future-Decorative Creation Camp

## 材料悟语

# 环境艺术设计教学与社会实践

主编：杨冬江
清华大学美术学院 RIDM
装饰材料应用与信息研究所

中国建筑工业出版社

**图书在版编目（C I P）数据**

材料悟语 环境艺术设计教学与社会实践 / 杨冬江主编.
北京：中国建筑工业出版社，2008
ISBN 978-7-112-09893-4

Ⅰ. 材… Ⅱ. 杨… Ⅲ. 材料—设计—高等学校—教学参考资料 Ⅳ. TB3

中国版本图书馆CIP数据核字（2008）第017758号

主　　编：杨冬江
助　　理：石　硕　杨　紫　宋宁宁　孙　琳　赵云芳　王　征
责任编辑：唐　旭　李东禧
责任校对：陈晶晶　刘　钰
整体设计：倦勤平面设计工作室

材料悟语
**环境艺术设计教学与社会实践**
主编：杨冬江
清华大学美术学院
装饰材料应用与信息研究所
*
中国建筑工业出版社出版、发行（北京市西郊百万庄）
各地新华书店、建筑书店经销
北京盛通印刷股份有限公司印刷
*
开本：889×1194 毫米 1/20 印张：12 字数：288千字
2008年4月第一版 2008年4月第一次印刷
印数：1—3000册 定价：59.00 元
ISBN 978-7-112-09893-4
(16597)

# 序 I



## 运用材料的实验教学之路

郑曙旸

新世纪建设创新型国家的相应措施，是高等教育人才培养模式的改革创新。其核心理念是加强实践教学环节，通过实验教学推进高等学校的改革创新。2006年教育部首次成立实验教学指导委员会；“十一五”期间国家重点建设500个左右实验教学示范中心；2007年初教育部财政部“关于高等学校本科教学质量与教学改革工程意见”的文件精神，同样是以加强学生实践能力和创新精神培养，提高人才培养质量为目标。

对于环境艺术设计专业的教学来讲，本次“装饰材料创作营”活动的举办就是实验教学的具体实践。它体现了艺术设计教育观念的转型。以往我们的教学基本上是从书本到书本，从概念到概念。尽管有材料的意识，却很难转换成为一种教学的手段。实际上材料对于设计师来讲如同画家手上的笔和纸，完全从材料入手的教学过程，反映了设计艺术教育的本质内容。

长期以来由于受社会条件的制约，以及对材料在设计教育过程中所产生作用认知的偏颇，设计教学始终游离于材料之外。学生在进入社会之后，还不知道材料在设计中的作用是什么。因此，这次活动无疑是开创了一种新的教学模式。对于环境艺术设计专业，乃至国家未来的设计之路来讲，都具有十分积极的意义。虽然这种模式在世界发达国家和先进的设计教育领域，早就成为一种不成文的定式，但是对于我们来讲似乎才刚刚开始。

在信息爆炸的时代，我们逐渐认识到，在教学中，如果不经过一个真实的操作过程，如果不经过与真实材料的结合，我们的设计就不可能具有更高的层次。我们目前对设计教育方法的认识，基本上还停留在以设计表现带动设计思维的过程。我相信，今天的这个活动和这个活动所体现的理念会逐渐推向全国，推向我们整个艺术设计教育领域。只有那一天更早地到来，大家的思想才会转到真正的实验教学，真正产、学、研结合的教学。只有这样，中国的设计教育才会有它的发展和未来，中国的设计才能够真正走向世界。

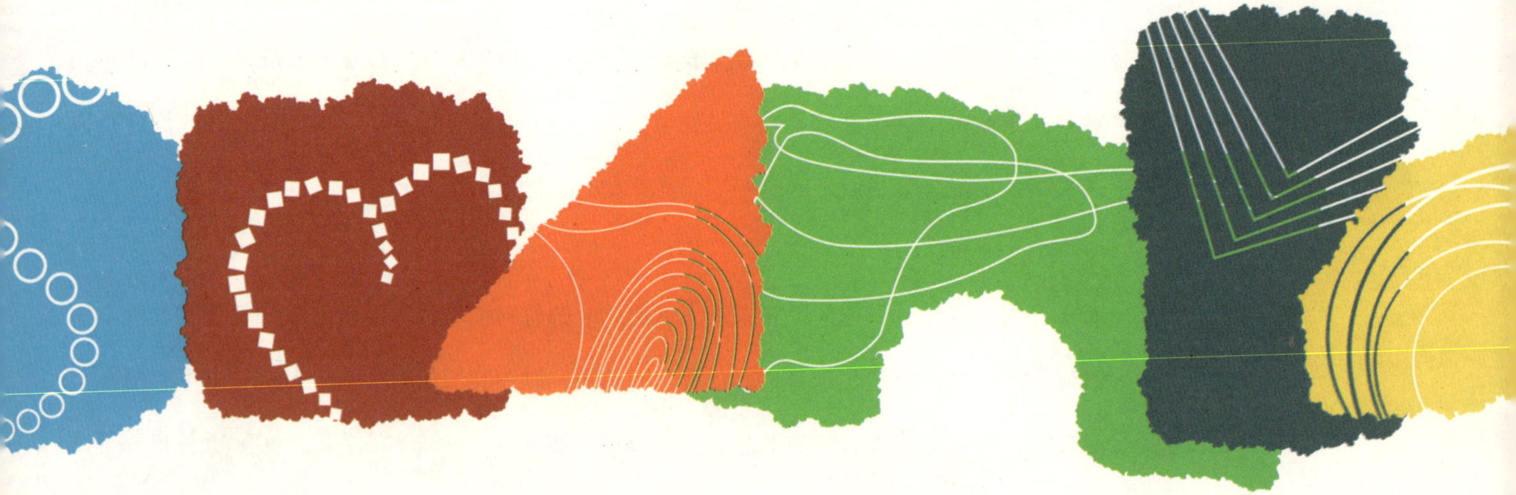

# 序 II



## 没有边界的课堂

苏丹

初中时代开始学习平面几何，一个需要在草稿纸上推算满满几页的题目，到了隔壁李家在工厂学徒没几年的大哥手中，比比划划三五下竟得出了准确的结论。那种筹划的方法在几何学的学院派看来也是一头雾水，但却分外有效。

电视剧《大工匠》中宝亮偷饼一段甚是精彩。龙生龙、凤生凤，老鼠的儿子会打洞。物质匮乏时期八级工匠杨老三烙一张大饼被馋嘴的儿子偷吃大半，但剩下的饼依然饱满，且轮廓完整，这个问题到了学习成绩优秀的伙伴眼前却成了一个无法解答的学术悬案……

设计的工作性质其实很务实，它旨在解决现实生活中面临的不断发生的小问题、大问题、具体问题。当然在设计能力过剩，设计群体被商业活动俘虏的今天设计也在解决未来才会出现的那些虚拟问题。在既定的生产条件下和物质系统中解决一个个如鲠在喉的难题，说到底更大程度上是一个实践问题而非演算问题，因为演算活动是在理想的真空状态下进行的，它对个体人在严酷和变化无常的现实中所呈现的状态要求很高。优秀的实践者能够在简陋的条件中因借一切可以利用的条件来解决问题，也能够在瞬息万变的现场气定神闲，在纷繁复杂、错综纠葛之间游刃有余；还能够在物质过剩诱惑重重中坐怀不乱坚决地去选择......这些都是一个优秀设计师应当具备的能力，或者说这才是一个设计师工作之常态，因此作为培养人才的院校理应将孕育生长此等能力的素质纳入教育的方针中来。

可悲的是当代中国的设计教育中却一而再、再而三地忽视对实践的关注，课堂教育被不断神话的同时，实践教育却不断地被抛入低谷。看看那些自誉为优秀院校的令人汗颜的工房设施便再也不愿和当权的院长们以及所谓的学术权威们争辩什么了。一切都是有意识、有计划的安排，出格的英语教学、出格的知识体系的灌输无非是希望学子们将来能从更多的书本中“窃取”更多的知识罢了，如此偏执的教育方式正在偷偷地改变着未来设计师群体的血统。许多次走在清华美院宽大豪华的教学楼走廊与一群下课的学生们相遇时，我恍惚以为自己走错了地方。因为我至今顽固地认为以实用为目的的设计专业之环境，以实践为特征的学习之团体，理应不应该是这等文弱之模样。

近几年来拜访过一些设计教育发达国家的著名院校，如北欧芬兰赫尔辛基设计艺术大学、日本武藏野大学、东京艺术大学、米兰理工大学、韩国国民大学等，这些著名的设计教育机构中工房在教学用房中占有相当大的比重，并且拥有强大的技术设施基础，把我和同事们都看得垂涎三尺。更为重要的是我们看到工房良好的状态、专业的管理、旺盛的人气等等。由于设计专业的大多数作业有制作的要求，因而工房中的学生数量和教室中不相上下，且工作状态出奇的高涨。

韩国的设计教育中有一类课程是参观实践，就是老师带领学生现场观摩一些具有示范意义的东西，意大利设计教育中调研是设计课程的主体，并且其调研的内容也五花八门、非常丰富，目的是使学生用盲人摸象的方式实践，认识那个未知的设计对象。所以脱离物质感的认知是苍白的，它所获取的认识仅是一个通用的结构而已。对于设计教育而言重要的是培养一种具体环境中的感受能力，也培养一种能够把场所、材料、形式的特质感觉到并用另一种物质的方式表达出来。“材料创作营”的活动是一种对当下设计教育环节内容变革的尝试，对于学生而言告别一下封闭的教室、空洞的理论，到琳琅满目的物质世界中狂欢一场，或者说走出“修行”的石窟亲吻一下生长万物的土地。对于筹划设计教育“路线”、“方针”的教师群体而言，这次行动是否如同冶炼兵器中的淬火一般有效，我想不必对这一次行动具体的效用寄予厚望，重要的是通过这种课堂与市场互动，大脑与小脑协作的方式把培养人才模式多样化的途径一点一点打通，使我们看到已经半身不遂多年的“设计教育躯体”有望靠这种微循环的方式医治而康复。

创意未来——装饰材料创作营
Creative Future Decorative Material Creation Camp
创意未来——装饰材料创作营
清华大学美术学院装饰材料应用与信息研究所
清华大学美术学院环境艺术设计系
赞助企业
BISAZZA
DURAVIT
KALDEWEI
创意未来——装饰材料创作营
Creative Future- Decorative Creation Camp

# 前言



## 创意未来　点亮激情

杨冬江

当前，环境艺术领域中的新技术与新材料层出不穷，发展迅猛。新技术、新材料的大量出现，极大地丰富了设计成果的形态，并影响到设计思维与观念的转变；同时，人们对于材料性能的认识也在实践过程中不断丰富和深化。人们对环境保护、可持续发展观念的日益重视，改变了传统材料的格局，材料带动设计已日益成为一种趋势和方向。

在我国环境艺术专业现有的教学环节当中，教学的内容基本上还停留在理论的层面，在实践类型的课程中，对于建筑及室内材料的应用以及表现力的挖掘也相对薄弱，对于新型材料的认知与掌握程度的欠缺更成为制约设计水平提高的瓶颈。

在国内外建筑装饰材料企业的大力支持下，由清华大学美术学院装饰材料应用与信息研究所主办，清华大学美术学院环境艺术设计系、中央美术学院建筑学院、美国《室内设计》

（中文版）、伦敦艺术大学英国创意产业中心、中国室内装饰协会、搜狐·焦点房地产网、中国建筑工业出版社等多家单位联合协办的首届“创意未来——装饰材料创作营”活动由此应运而生。

本次活动与学生暑期社会实践课程相结合，带队教师分别由清华大学美术学院、中央美术学院建筑学院的专业教师以及国内优秀的建筑及室内设计师组成；创作营的营员主要来自清华大学美术学院和中央美术学院。同时，为了提高创作营营员在实践环节的能力和水平，本次活动提前在全国范围内开展了营员招募，从数十位报名者中邀请了来自广州、北京、郑州、杭州以及同济大学的五位专业设计师共同参与创作。2007年8月27日创作营开营仪式在清华大学美术学院隆重举行。

带队教师与协办单位的代表反复磋商活动的具体细节

“创意未来——装饰材料创作营” 开营仪式现场

创意未来一装饰材料创作营
创意未来

“创意未来——装饰材料创作营” 开营仪式现场

创作营根据不同的创作主题，分为马赛克、光环境、板材、软木、肌理造型以及水空间六个小组，营员与带队老师分别前往上海、广州、西安等地的材料企业进行实地的考察和学习，体验不同特性的材料，相互交流与启发，探寻不同的创意空间，激发新的设计思路。回到北京以后,营员们又集中在一起，利用七天的时间，亲自动手，根据不同材料的特点，完成了不同主题的设计作品。

开营仪式上整装待发的创作营营员

光环境小组

肌理造型小组成员在上海义和建材装饰(集团)有限公司认真聆听专家的讲解与介绍

板材小组在北新建材集团股份有限公司参观轻钢龙骨制造车间

光环境小组成员在广州番禺与广东东松三雄极光照明的专业技术人员进行研讨

在上海，德国卡德维公司钢瓷釉浴缸的品质令水空间小组的成员们眼界大开

软木小组成员在到达北京静林林洋软木制品有限公司位于西安的生产基地后,立刻便前往车间寻找可以激发创作灵感的新型材料

BISAZZA

马赛克小组参观位于上海保税区的意大利BISSAZA生产车间

水空间小组

肌理造型小组

软木小组

板材小组

马赛克小组

创作成果展览于2007年9月17日在清华大学美术学院开幕，创作小组分别展出了《马赛克的故事》、《城市·自然·人·材料》、《序列》、《生命》、《表象》以及《人·城市·水》共六件，分别以六种材料作为创作主体的创意作品。清华大学美术学院副院长、博士生导师，本次活动的总顾问郑曙旸教授；中国建筑学会室内设计分会会长邹瑚莹教

创作营成果展览于2007年9月17日在清华大学开幕

授；中国室内装饰协会副理事长兼秘书长刘翊先生、副秘书长张丽女士；活动协办方代表以及各材料企业的领导到会并对活动的圆满成功表示祝贺。

中央电视台、中国教育电视台、美国《室内设计》（中文版）、《装饰》杂志、《艺术与设计》杂志、《时尚家居》杂志、《缤纷家居》杂志、《新家》杂志以及北京晚报、北京青年报、中国建设报和搜狐网、美国室内设计中文网、建筑与室内设计师网等相关媒体对于活动的成功举办均给予了深度报道。其中，搜狐网还对活动的开营仪式以及展览开幕式在网络上进行了实时现场直播，并为创作营设立了官方博客。

在装饰材料技术的研究与推广领域，产、学、研一体化的合作模式在国内尚不成熟。本次创作营的举办不仅探索和拓展了专业教学的广度和深度，同时对于国内企业自主品牌的开发与企业文化建设也起到了一定的推动作用。

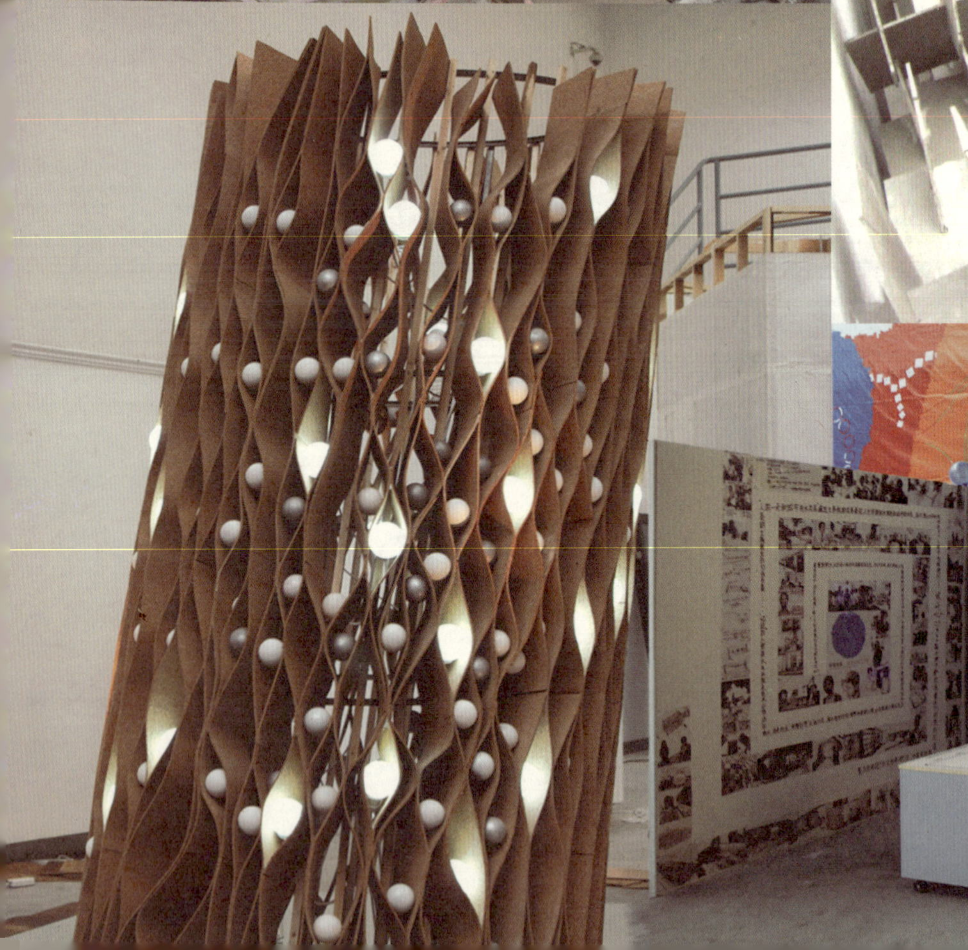

创作营成果展览现场

相关媒体对于活动的成功举办均给予了深度的报道

### 首届"创意未来——装饰材料创作营"开营

8月27日，全国首届"创意未来——装饰材料创作营"活动在清华大学美术学院开营。创意营由清华美术学院装饰材料应用与信息研究所主办，活动由国内外的建筑及室内设计师带领国内高等院校的优秀学生成立多支不同研究方向的探索小组，通过体验不同特性的材料，相互交流启发，探寻不同的创意空间，激发新的设计思路。创作营期间还将邀请国内外创意以及材料制造领域的专家学者举行专业论坛并举办展览。

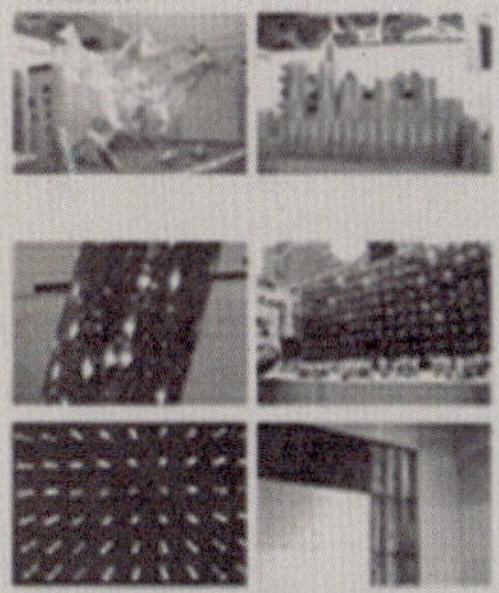

中央电视台
中国教育电视台
美国《室内设计》（中文版）
《装饰》杂志
《艺术与设计》杂志
《时尚家居》杂志
《缤纷家居》杂志
《新家》杂志
北京晚报
北京青年报
中国建设报
搜狐网
美国室内设计中文网
建筑与室内设计师网
……

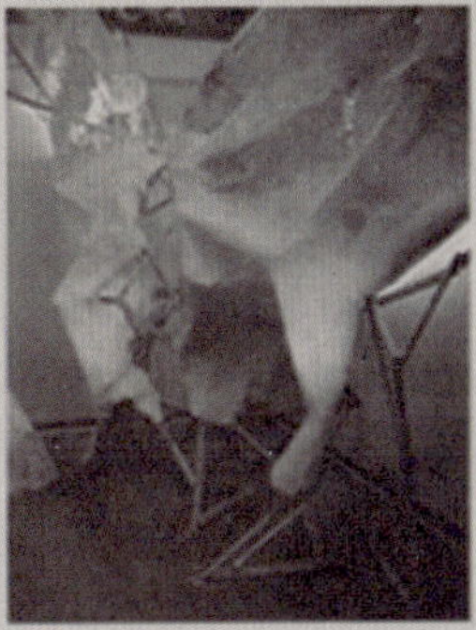

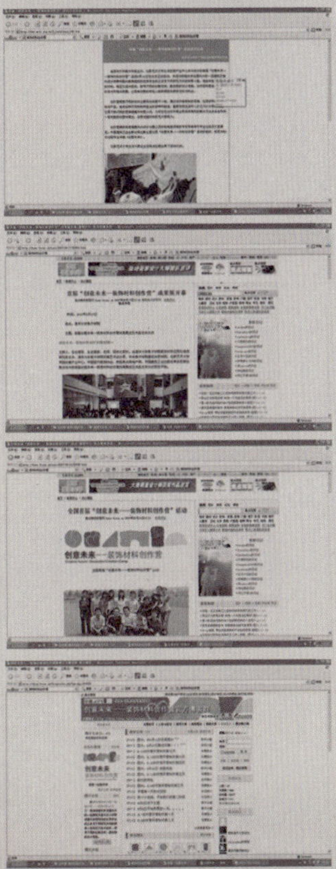

昨天，首届“创意未来——装饰材料创作营”的作品在清华大学美术学院展厅一亮相，就被来这里寻找创作灵感的设计师包围。展览通过作者敏锐的思维，深度挖掘装饰材料的艺术表现力。
本报记者 刘平摄

## 创意未来——装饰材料创作营 活动主要内容

■开营仪式：2007年8月27日

■实习考察：8月27日至9月2日

■考察地点：北京、上海、广州、西安

■概念创意：9月3日至9月7日

■创作营(集中创意制作)：9月7日至9月14日

■大型展览、专业论坛：9月17日至9月19日

■地点：清华大学

### 创作营总策划、艺术总监

杨冬江——清华大学美术学院环境艺术设计系副教授、博士、装饰材料应用与信息研究所所长、中国室内装饰协会设计委员会秘书长、中国美术家协会设计委员会副秘书长

### 创作营总顾问

郑曙旸——清华大学美术学院教授、副院长、博士生导师、中国建筑装饰协会设计委员会主任、中国建筑学会室内设计分会副会长、中国室内装饰协会设计委员会副主任、中国美术家协会设计委员会副主任

苏丹——清华大学美术学院教授、环境艺术设计系主任、中国美术家协会设计委员会秘书长、中国建筑装饰协会设计委员会副主任

赵虎——美国《室内设计》中文版执行出版人

## 创作营特邀带队专家

**王辉**——URBANUS都市实践建筑设计事务所总建筑师

**王琼**——苏州金螳螂建筑装饰公司总设计师，苏州大学艺术学院客座教授

Andrew Whittle——英国伦敦艺术大学中央圣马丁艺术与设计学院教授

**梁建国**——北京集美组室内设计工程有限公司总经理

**刘铁军**——清华大学美术学院环境艺术设计系副教授

**梁文**——清华大学美术学院环境艺术设计系讲师、装饰材料应用与信息研究所副所长、美国哈佛大学建筑学硕士

**方晓风**——清华大学美术学院环境艺术设计系副教授、博士，装饰材料应用与信息研究所副所长，中国《装饰》杂志常务副主编

**邱晓葵**——中央美术学院建筑学院第六工作室负责人、副教授

**崔冬辉**——中央美术学院建筑学院室内设计教研室主任

**杨宇**——中央美术学院建筑学院讲师

## 创作营营员

清华大学美术学院、中央美术学院建筑学院以及职业设计师共计30名

创作营视觉形象设计——石硕

创意未来——装饰材料创作营
Creative Future Decorative Material Creation Camp
DURAVIT
KALDEWEI

# 目录

马赛克小组

《马赛克的故事》

*马赛克的知识*

马赛克是“mosaic”的音译，是一种古老的镶嵌艺术，以小石子、贝类、瓷砖等有色嵌片应用在壁面或地板等处以绘制图案的一种表现技法。最早被发现使用马赛克的地点是公元前3000年两河流域苏美尔人的神殿墙，他们把各种各样的嵌块镶砌在墙上、圆柱上。在古希腊和古罗马，马赛克被发展为一门艺术并被高度的图形化，描绘各种生活场景和宗教故事。16世纪时，玻璃制造家发现了如何制造很多种不同色调的玻璃，应用在马赛克的制作之中。到了拜占庭时期，马赛克艺术的盛行达到前所未有的程度，很多华丽的教堂都用色彩玻璃马赛克做装饰。

**马赛克可大致分为陶瓷马赛克、大理石马赛克、玻璃马赛克三大类**

*陶瓷马赛克*：陶瓷马赛克曾经在20世纪80年代的中国被广泛应用，可以不加任何的修饰，保留粗糙的表面，如果上釉烧制，则会形成光滑的表面。材料气孔比较多、容易脱落、不易耐磨、花色单调，耐酸、耐碱、耐化学腐蚀较差。

*大理石马赛克*：大理石马赛克因为易含有放射性元素，对人体有害，质地疏松、毛孔大，易渗水导致结构破坏，耐碱，但耐酸性差，所以没有被广泛推广，大理石的纹理多样，装饰效果很强。

*玻璃马赛克*：玻璃马赛克是一种较为安全的建材，由天然矿物质和玻璃高温烧制而成，质地紧密、质量轻，耐酸、耐碱、耐化学腐蚀，是最合适装饰在近水域的建材。

# 关于BISAZZA

BISAZZA由Renato Bisazza先生于1956年在意大利Vicenza创立，是世界上生产、销售马赛克规模最大的全球性公司。半个世纪以来，BISAZZA以其独特的威尼斯玻璃生产工艺和引领潮流的时尚风格设计，始终站在市场和时尚的前沿。

BISAZZA公司在意大利共有3座现代化的工厂，并在澳大利亚、法国、美国、西班牙、德国、英国、俄罗斯、中国、菲律宾、印度、阿联酋设有分公司，在中国香港地区和韩国首尔设有办事处。

BISAZZA与建筑、设计及艺术和时尚各界的顶尖设计师长期进行合作，包括Alissandro Mendini、Paola Nauone、Fabil November、Patricia Urquiola和Marcel Wanders等，大师们不断地为BISAZZA推出不同系列但却同样经典与时尚的作品。2005年6月，意大利AL-TAGAMMA（顶级奢侈品制造商协会）向BISAZZA抛出了橄榄枝，这一举措无疑认证了BISAZZA马赛克已经超越了其仅仅作为家居建筑装饰材料的角色。

艺术、创新、设计，是永恒不老的话题，而BISAZZA隐喻的玻璃马赛克的艺术则是对这一话题的奢华演绎，不断创新、引领时尚正是BISAZZA品牌永恒的魅力所在。

带队专家：
方晓风
小组成员：
王晓东
清华大学美术学院
组长：石　硕
清华大学美术学院
小组成员：
孙　敏
中央美术学院
小组成员：
贺　然
清华大学美术学院
小组成员：
王璐璐
清华大学美术学院

## 创作笔记

2007/8/28 *BISAZZA北京居然之家专卖店展厅参观交流*

前往上海BISAZZA工厂之前，厂家首先邀请我们到北京展厅参观，为本次创作营以及上海之行提前作一个预热。

我们小组创作的主题与主要材料就是马赛克，我们在开营之前对BISAZZA还是比较陌生的，甚至对马赛克的知识也是很陌生的，借此机会我们有了对马赛克的很多认识。

来到BISAZZA展厅，看到了很多品种与图案的马赛克，小小的马赛克通过不同的组合方法，加上又融入了丰富多样的灵感来源和装饰元素，塑造出了变幻多端的风格与视觉效果，每一种图案都同与之相配合的色调被完美地呈现，高贵中透出些许灵气，精致中彰显几分大气，并不同于我们普遍认识的马赛克。BISAZZA北京公司的马总详细地介绍了BISAZZA马赛克的历史、企业文化与艺术风格，以及各种类型的产品、材料和制作工艺，我们算是大致了解了马赛克的知识。之后，我们坐下来谈了很多自己的看法与体会，也听方老师谈了很多相关知识。最后，我们也就这次上海之行作了详细的计划、安排，并且确认了行程与各种联系方式。

2007/8/30 *上海BISAZZA工厂参观考察第一天*

经过一夜的颠簸，我们终于到达了上海火车站，我们的目的地是浦东外高桥保税区，两个小时后我们顺利抵达工厂。工厂比我们想像的要小，不是厂房的面积，而是所谓的“脸面”。也没有想像中热烈的欢迎场面，只是挨个鱼贯而入跟着走进了公司的会议室，接待我们的BISAZZA公司的工作人员非常热情，在接下来将近两个小时的时间里，工作人员详细地介绍了整个BISAZZA品牌，还向我们展示了“金沙”马赛克的原料石块、金箔马赛克等半成品样品。

吃完午饭后早已迫不及待的我们紧随工厂的王经理钻进了车间。因为BISAZZA马赛克原产地在意大利本土并不在中国生产，这里只是一个组装工厂，所以车间里看不到真正的技术核心。不过通过技术人员的详细介绍，我们了解到的生产和施工工艺已足够满足做设计所需要的程度。工厂里的工人是很辛苦的，我们只是站着听了一会儿技术指导就已经有些累了，但是工人们要在那里一站就是8个小时，不断重复着简单且枯燥的工作。在工厂的一角我们看到了数量可观的废料，生产的严格造就了高质量的产品。

晚上回来我们稍作休息，便积极地投入到设计方案的讨论中。每个人都有很棒的想法，大家讨论得特别high！最后在方老师的总结归纳后，我们最终确定了创作主题——“马赛克的故事”。

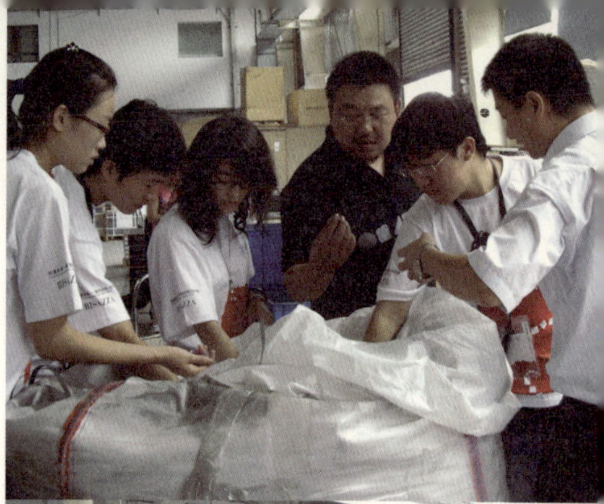

## 2007/8/31 *上海BISAZZA工厂参观考察第二天*



由于昨天在工厂已经进行了参观考察，所以今天的行程则显得比较轻松。今天要向BISAZZA公司汇报我们的想法，然后来共同确定材料选择与提供的细节问题。在听过我们详细的讲解之后，BISAZZA厂方对我们的方案也表现出了很大的兴趣，非常积极地配合我们进行马赛克材料的选择，也给了我们一些建议，最后我们顺利地完成了创作材料的选择。

为了对各种马赛克都有更多地了解和尝试，我们选择的材料包含了BISAZZA马赛克全部的品种，为配合我们方案气氛的营造，我们主要选择了蓝紫色系的马赛克。

这也为我们即将开始的创作打下了很坚实的基础。在此要感谢BISAZZA公司为我们这次创作营所做出的很多帮助。

吃完午饭，我们就告别了BISAZZA工厂。几经颠簸，我们终于回到浦西，在人民广场下了车。在方老师的带领下我们又去了上海美术馆，之后我们又去了旁边的上海当代艺术馆，看了本该在北京就看的高迪建筑、设计展。

*2007/9/3——2007/9/4 方案汇报以及小组第二、三次方案讨论*

充实的上海考察之旅就这样结束了，下了火车才感觉时间的短暂，参观考察结束了也就意味着真正动手创作的时候要到了。方老师仔细地给我们列出了一张时间表，时间确实是够紧的，方老师要我们认真地计划时间，也希望我们尽快进入状态。我们确实也别无选择，马上集体移师到方老师的另一间办公室开始深化方案。开始大致的平、立、剖面，尺寸的计算，基本的构造方法，辅助材料的选择、计算，材料预算，我们就这样一直忙到半夜。

我们的方案基本确定为一个半封闭的室内空间。考虑到展览空间有限，我们又进一步限定一个3米×3米×3米的空间，我们首先将每个正方形的立面分割成25个小块进行编号，然后将分割出的每个60厘米×60厘米的小块按照我们前期的创意进行单独制作，最后按顺序安装，使整个空间的每个立面看上去都像很多大块儿的马赛克拼贴。我们讨论决定搭建一个木制结构的框架围合空间，考虑到顶面安装比较困难，准备使用龙骨吊顶方便后期安装。

2007/9/6 *方案第四次深化设计、金五星建材市场原料采购*

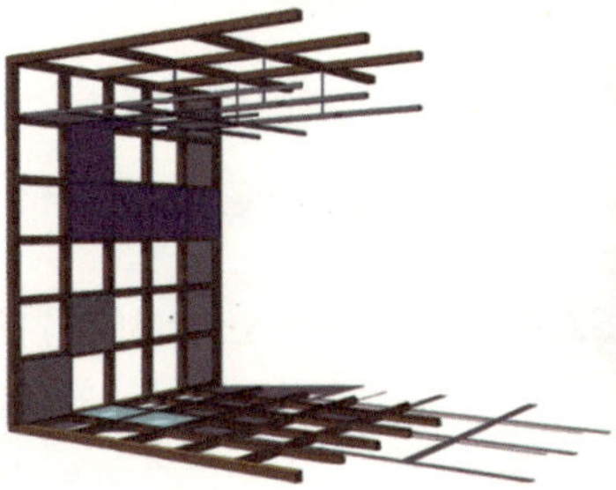

明天就要开营制作了，所以我们就把方案的最后一次深化设计直接搬到金五星市场来，随着方案的逐步确定我们也完成了所需要的材料的采购。

我们最后确定在这个空间的六个立面中，采用不同的表现手段、运用马赛克的各种特性来尝试、展示一个多变的、梦幻的室内空间。因为BISAZZA马赛克全部是玻璃材质，所以我们尝试让马赛克与光线之间产生关联，运用马赛克玻璃材质的特性，来增加马赛克材料的表现力；我们还尝试着在一些柔软的织物上进行马赛克的拼贴，以及尝试着拼贴不同的马赛克纹理，来丰富马赛克平面拼贴的肌理效果。

我们明确了一些所要选购的基本材料：搭建木制框架的木方。因为我们的结构框架并不能承受太重的重量，而且框架内还有很多用于后期安装马赛克板的木条，这些木条也能够起到一定的支撑作用，在市场反复与工人师傅讨论之后决定使用60毫米 × 30毫米 × 4000毫米的松木木方；吊顶用的龙骨我们也就选择了最简单的T形龙骨，方便顶面马赛克板的安装。

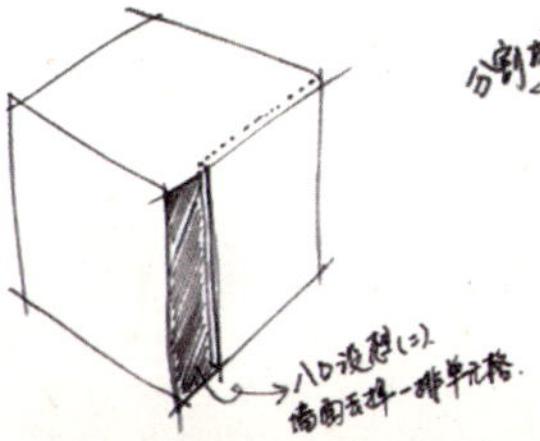

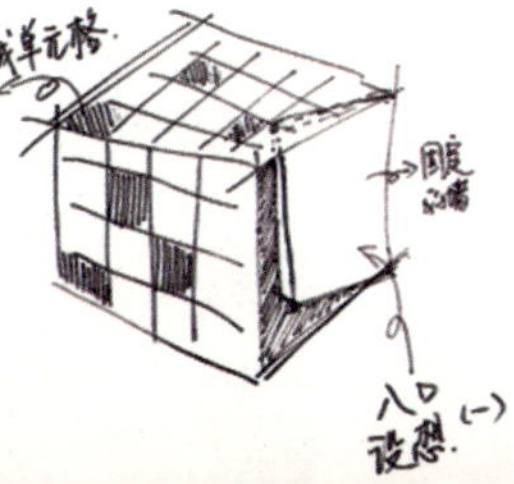

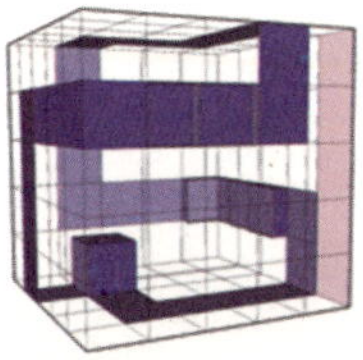

2007/9/7 *创作营开营制作第一天*

在其他小组还在若干待定方案中徘徊的时候，我们小组骄傲地宣布：我们开始动工啦！今天基本还算是有些进展的，虽然进展得并不是很顺利。首先，我们方案中用来搭建结构框架的木料运到了学校，折腾了将近一个小时才把这些木料运到展览用的大厅，再加上两天前从BISAZZA上海工厂空运到的马赛克原材料，制作工作终于可以大张旗鼓地开展了。

然后是粘贴马赛克时的问题:

1. 为了减少木制骨架的成本，我们尽量要减轻马赛克、夹板的重量，就决定把马赛克直接贴在夹板上，把普通做法用水泥粘合马赛克的办法替换掉。虽然我们有心理准备，但是马赛克果然还真的很重，一块小小的马赛克拿在手里感觉微不足道，但是当贴满很大一片的时候就有些力不从心了。胶水(U胶)用了好多还粘得不是足够结实，不能按正常方法继续用勾缝剂填充马赛克之间的缝隙，这个问题是有待于解决的。

2. 虽然马赛克用胶直接粘比较方便，但是用胶量也很可观。贴了4块板，大概用掉200毫升U胶和大半桶乳白胶。U胶太贵，后来觉得乳白胶多涂的话，牢固度也是可以的，就决定接下来的工作不再使用U胶而使用乳白胶。

3. 我们高估了自己的速度。600毫米×600毫米的板上一颗一颗贴满马赛克居然需要2个小时！我们需要150 块！接下来要好好考虑怎样才能保证工作进度的问题。

问题很多，不动手尝试是不会知道的。总结这几条给大家分享，是教训也是经验。非常感谢方老师，一直耐心带领我们、非常负责地督促我们。

## 2007/9/8 *创作营开营制作第二天*

今天的工作基本可以总结为一个字：贴。

今天的进度：

1. 马赛克粘贴了10块大板和4块小板。
2. 结构框架搭建起来了。

存在的问题是：

1. 五个成员粘贴马赛克的风格迥异，与最初分工有些出入，这问题应该是我们前期方案讨论不够深入，担心最后组装起来各立面之间效果协调不好。
2. 框架给人一种不结实的感觉，不过在杨冬江老师指导下，我们明确了明天如何修改框架。
3. 马赛克粘贴任务非常艰巨，在商量之后我们认为无论如何都不可能完成所有立面都粘贴马赛克的任务了，必须找到一个替代的办法，我们最后决定蓝紫色的主题部分需要完成马赛克的粘贴，剩下的白色作为衬托的部分另外考虑装饰的办法，这也是很无奈的选择，因为创作营集中制作的时间毕竟有限。

## 2007/9/9 *创作营开营制作第三天*

今天我们的主要工作依旧是粘贴，大家的进度都很快，预计明天会把蓝紫色主题部分的马赛克拼贴全部做完。

如同预计的时间，今天我们方案的整体结构框架已经制作完毕，包括木龙骨框架、轻钢龙骨吊顶以及一些细节的木制结构都已经全部搞定了，整个框架看起来还是十分壮观的。制作工作基本按照我们的计划在进行，一切尽在掌握中。

我们下午还把已经做好的部分马赛克拼贴安装到整体骨架当中，看了一下大致效果，方老师、杨老师还有我们都非常满意，大家也都期待着我们的作品赶快出来。

经验:

1. 方案中有一个转角是曲面，处理起来还真是很麻烦，由于我们对曲面的制作不是很了解，而且也没有足够的信心，再加上我们资金不足，只好麻烦师傅用木条拼了个骨架，不知道有没有更好的办法。

2. 主持设计师果然是必不可少的。方老师一回来就调整了我们蓝紫色主体的拼接方案，控制好全局，虽然我们有人拼得绚烂有人拼得素雅，不过基本统一起来了。设计的整体性是不能缺少的。

2007/9/10 *创作营开营制作第四天*

工作进行到过程中间是最痛苦的时候，不过我们都有信心把方案完成、做完美。今天蓝紫色主题部分全部完工，效果还不错，这是今天最值得庆祝的事情。

今天主要实验了一下要如何布置空间中白色衬托的部分。很多实验结果均以失败告终，我们还是被这个问题困扰着......

## 2007/9/11 *创作营开营制作第五天*

蓝紫色主体部分终于被我们挂到了墙上，蓝紫色带状的构想已经按照预期的效果展现在我们的面前。白色衬托的部分还是一项很浩大的工程，我们用买来的白色瓦楞纸横着或者竖着纹理贴在剩下的60厘米×60厘米的板子上，不同的纹理在光线下产生了富有变化的效果，这正是我们所需要的，这样的效果既丰富了空间的室内效果又不抢主体效果。看来我们已经找到了实施白色衬托部分的方法。虽然晚上只做好了4块，但却是省时又省力的。全程方老师一直在旁边指导着我们每一步的工作，让我们少走了很多弯路，又发现了很多好的创意。

## 2007/9/12 *创作营开营制作第六天*

总的来说，今天的进展让人感觉真是神速，昨晚信誓旦旦的目标竟然变成了现实，整个空间的白色部分今天都已全部做好，看来大家齐心协力的结果还是很惊人的。特别是当时果断决定购买的200张皱纹纸，经过试验后发现，把这些皱纹纸再有些褶皱贴在板子上效果也出奇的好，这种相对粗糙的感觉与蓝紫色主体部分形成了很和谐的对比效果，很好地衬托了主体，是我们一直所期盼的效果。随意做出来东西产生了意想不到的效果，并已成为我们表现的主要手段。

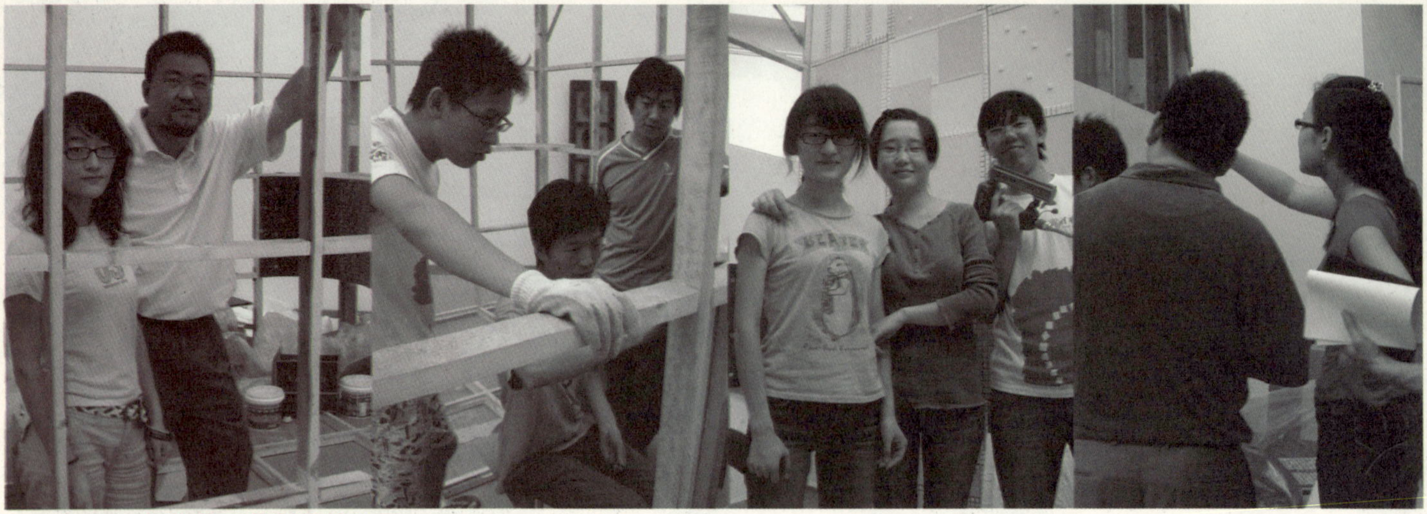

2007/9/13 *创作营开营制作第七天*

又是积极的一天，又是令人满意的一天。终于功夫不负苦心人，只剩收尾工作，胜利在望了。白色衬托部分各归其位，我们“马赛克的故事”也展现出了它精彩的一面。墙面上钉完之后，吊顶的安装成为今天众人瞩目的焦点，我们组的每位成员包括方老师在内都齐齐盯着吊顶安装的全过程，真是不容易，看着一块一块装好，预期的效果也呈现出来，到最后一块吊顶装好后大家忍不住鼓起掌来，真的是值得庆贺和让人欣慰的事情。

最后的地面铺设工作也是有条不紊地进行着，没想到效果也令人非常满意。白沙、雨花石、碎玻璃、皱纹纸、棉花，金箔马赛克齐上阵，我们把这些全部散乱地放置在地面上已经做好的结构框架的木格子里，然后再用切割好的钢化玻璃铺在上面，不一会地面上也就展现了很丰富很有意思的效果，人走在上面很安全。灯光的安排也有了结果，我们把空间内两盏轨道射灯的光束打在立面的蓝紫色主体上，室内被渲染出浪漫、梦幻的效果。

明天就剩一些收尾的工作，也将真正完成了，这么多天辛苦也有了让人满意的结果。

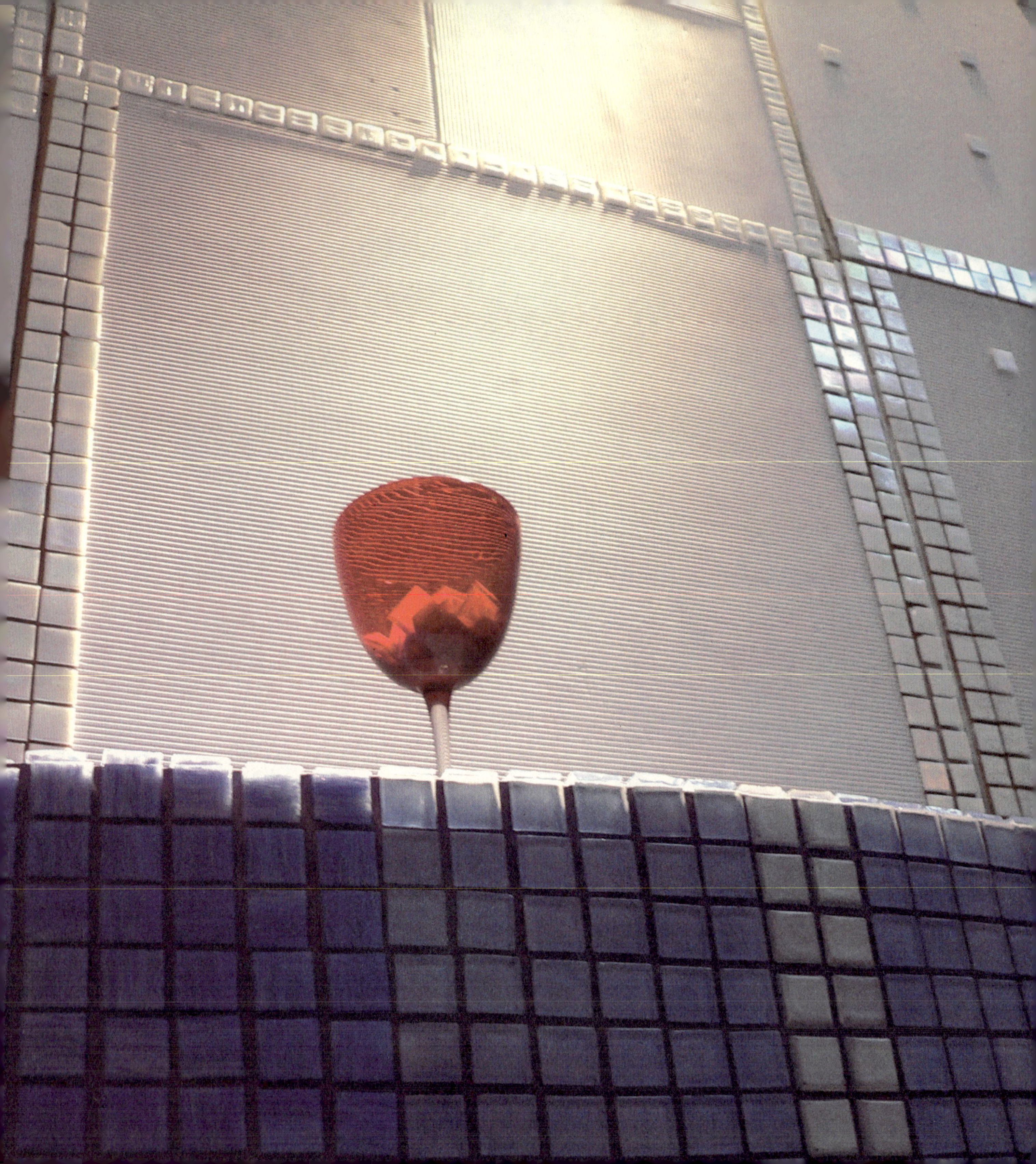

## 作品概述

方案为一个3米×3米×3米的半封闭室内空间。

首先将每个正方形的立面分割成25个小块进行编号，然后将分割出的每个60厘米×60厘米的小板块按照我们的创意进行单独的马赛克拼贴制作，再按顺序安装，最后使其中各空间的每个立面看上去又像是很多大块儿的马赛克拼贴，而且在六个立面中采用不同的表现手段、运用马赛克的各种特性来尝试、展示一个多变的、梦幻的室内空间。因为BISAZZA马赛克全部是玻璃材质马赛克，所以我们尝试让马赛克材料与光线之间产生关联，运用马赛克玻璃材质的特性，来增加马赛克材料的表现力；我们还尝试着在一些柔软的织物上进行马赛克的拼贴，以及尝试着拼贴不同的马赛克纹理，来丰富马赛克平面拼贴的肌理效果；设计作品中的马赛克全部是手工一颗一颗贴出，每一颗马赛克的拼贴我们都认真对待。

作品中，各种蓝紫色的马赛克拼贴就仿佛人群中的某个人，而相互组合、串联，成为空间中连续的永远没有结束的“飘带”，就像是发生在这个人生命中的许许多多梦幻的、浪漫的故事一样。今天，在这芸芸白色格子中，我们就是要把人群中的这个人作为主角，让他尽情地展示自己；让他尽情地书写着自己的美丽故事，也让所有人随着他一起陶醉在这梦幻的、浪漫的空间当中。

马赛克是一种汇集成千上万单颗马赛克组成一个完整马赛克画面的艺术。但是大家通常都会关注整幅作品，却忽视了单颗马赛克的美丽，而且作为一种古老的饰面材料，千百年来，从它诞生的那一刻起，小小的马赛克就惯性的被简单地贴在墙面上、地面上，并没有

*马赛克的故事*

*马赛克是一种肌肤*
*它的性格*
*是我的温柔*
*诗意的眼睛*
*在玻璃的后面*
*是坚强*

*芸芸的白色*
*亦真亦幻*
*不是沙漠*
*不是戈壁*

*边界在哪里*
*转折或许也是一种选择*
*将怎么面对众人*
*让人仰视*
*不如伸出手*
*去迎接膜拜*
*终将*
*遵循既有的轨迹*
*起伏的世界*
*不平也是种趣味*

*故事的主角*
*游走其间*
*青纱垂下*
*珠光闪耀*
*始于空间*
*在坚硬的地方*
*它骄傲的沉默*
*错误的表情*
*也无所谓正反*

发挥出更多的、也许会是更为绚烂效果的作用。我们的设计就是要打破马赛克材料单纯用做贴面装饰的常规，利用玻璃马赛克与众不同的特性，大胆地尝试许多新的做法，为马赛克材料注入新生，最终达到材料创新的目的。

作品的全新尝试包括以下几个方面:

1. 玻璃马赛克作吊顶装饰;
2. 灯具、玻璃马赛克拼贴、墙面造型的创新结合;
3. 柔软织物与马赛克的创新结合;
4. 不同纹理的马赛克拼贴;
5. 马赛克与其他材料的混合运用。

# 寻找马赛克的诗性——马赛克小组活动后记

方晓风

这篇文字是在杨冬江老师的一再催促下完成的，说是后记，已是活动过去大半年了。师生的热情与冲动在一段时间和种种并非情愿的日常事务中沉淀，而早已不复当时。2007年的夏天，对于清华大学环艺系室内班的同学们来说，是忙碌而又兴奋的。同学们第一次参加材料创作营的活动，因为这个活动是首次创办。

活动由清华大学美术学院装饰材料应用与信息研究所和环境艺术设计系共同主办，得到了部分材料厂商的赞助——提供活动经费和创作的材料，不同背景的设计师作为不同小组的带队专家和同学们一同投入到活动中去，本身也是一次难得的教与学互动的特殊机遇。

我作为马赛克小组的带队专家和本组的同学们度过了一段很有意思的时光。当时在教师之间也有交流，说实话，这种有人赞助自由创作的机会对教师而言都是难得的。在分配各自所带小组的时候，我主动地希望带马赛克小组，因为马赛克是既新又古老的材料。它有悠久的使用传统，但在今天仍然有创造的余地，作为一种基础材料，它蕴含了丰富的可能性。

马赛克是古老的，但在中国它并没有悠久的历史，曾经陶瓷马赛克很深地介入过我们的生活，不过很快作为廉价材料而被人遗忘。这次活动的赞助商之一是意大利的BISAZZA，他们专营玻璃马赛克，产品的品质很好，价格也很好。平常，他们的产品是以奢侈品的面目出现在市场上。同学们初次接触这个产品是在他们的专卖店里，我很担心他们会被这种马赛克奢华的一面所控制，而仅仅考虑马赛克作为面层材料的装饰效果。当然，这个意思并没有马上同他们交流，我希望他们能自己激发出创作的激情。

活动安排了各组同学奔赴不同的厂家实地考察，BISAZZA的厂在上海外高桥保税区，因此我和同学们就去了上海。由于整个活动的周期并不长，在路途中，小组内部就开始了酝酿方案。欣慰的是，同学们都很清楚他们要做什么，他们的情绪都非常饱满，稍让他们失望的是BISAZZA方面并没有摆出热烈欢迎的架势，不像其他几组同学所受到的待遇。但作为大都市的上海有许多可以让他们去看、去探寻的东西，虚荣心的空间很快被一连串活动的密集信息所排挤。台湾商人的材料博物馆、盈辉公司的展厅、八号桥创意园区等场所，使他们在现实的优秀实例中感受到了材料的魅力和诗性。

对于马赛克而言，它的诗性是什么？在哪里？如何挖掘？这

些问题对我和同学们是一样地需要思考。BISAZZA的工艺给了我们启示，马赛克作为一种点状的材料，在呈现其整体效果时所表露的手工痕迹是一种诗意；点状材料不完全均匀的偶然性也是一种诗意；玻璃马赛克的透光性所带来的那一点点穿透蕴含了诗意；点状材料在组合方面的灵活性和可能性也是诗意的重要基础；最终，诗意来自一颗有诗情的心，慧眼独具则周遭俯拾皆诗。尽管当时还没有上述种种如此接近总结的认识和看法，但方案很快就在上海的旅馆客房中确定了。为了突出室内应用的效果，决定一定要做出一个六面体来，在其中用材料塑造空间。充分考虑时间因素，则方案不宜复杂，而应简明。定案是：一个六面围合的室内空间，白色是一种基调，在此基础上有一条曲折串联各个表面的蓝色带子；把马赛克作为一种视觉概念来运用，因此，宏观上看这首先是一个立方体，每个面由60厘米×60厘米的格子组成，每个格子的内在肌理都可以不同，但它们要服从一个大的空间基调。

后面的时间很快就过去了，同学们坚持以纯手工的方式来完成每个格子。动手前他们就精确计算好了总的工作量，每个人如何承担各自的工作以及材料清单和开支。此时，我主要是作为催命鬼的面目出现，五楼的绘画系展厅成了一个巨大的工地，一派热火朝天的场景在不知不觉中就成为了现实。

在这个活动中，同学们在保持个性的同时也能充分地体会协作的重要性，在各自工作了一天之后他们自觉提出了每个人如何衔接其他同学工作的问题。为了一个小小的、但是大家共同的梦，很自然地就进入协同作战的状态，80后的年轻人并非全然地不懂合作。王晓东执着与图案的拼贴效果，青绿色彩的组合很有中国传统的韵味，这种感觉是意大利人不会有的；王璐璐则表现出美院同学中少有的理性和坚硬，她尝试了马赛克无缝拼接和立体拼接的效果，给我很深的印象；贺然有学服装设计的基础，很想表达女性柔美和材料华美的特点，她把马赛克贴在轻纱上，毫不掩饰其浪漫情怀；来自央美的孙敏是个古灵精怪的女孩，很聪明，很有办法，她着重在BISSAZA马赛克是玻璃马赛克具有透光性这点上做文章，把玻璃马赛克贴在玻璃上，当框架刚完工，就迫不及待地放上了几块成品看效果，天光展厅是赋予这次活动灵性的神来之笔；石硕是这个小组的组长，他热衷于几何图案的变化和韵律，同时他也在思考如何利用玻璃马赛克的透光性，他在探询了照明工程师的意见后制作了马赛克灯箱，此做法完全可以转换成商用的成果。同学们在

蓝色饰带上倾注了大量的心血，然而白色的基调面积更大，为了又快又好地完成，也动了不少脑筋。我在旁看着，内心是欣喜而又爱着他们，我能感受到他们的热情和才智，以及彼此之间的默契。

马赛克小组是率先完工的小组，当布幔垂下、整个空间完全闭合的时候，灯光点亮，小组成员和我一起慢慢欣赏最后的成果，所有的辛苦都是值得的。其他组的同学也纷纷来一探究竟，拍照、留影一时又成为忙碌的对象。当时，大家都对这个成果展览后的命运很关心，但拆解是必然的。花很灿烂，但必凋谢，曾经灿烂就是花生命的价值，诗亦如此。诗作为物质的存在可以有不同的形式，物质的形式会消亡，然而诗意经由物质的表达而生发，而长存，而成为一种生活的智慧。任由物质的变迁，诗意获得了自由的生命，成为记忆的一部分。这篇后记是我记忆中的一段印象，克服惰性记录下来也是一个交代。从此我和小组的同学们都对马赛克有了别样的感情和记忆，世事纷杂，同学们马上就要各赴前程，这段经历或许能帮助他们体会在创作中寻找诗意的艰辛和快乐，他们也教会了我如何看待年轻人。

2008年1月6日于乐道斋

光环境小组

《城市·自然·人·材料》

## 前期调研

物体的客观存在怎样在视觉上对人是有意义的？人所看见的都是光，或者光通过各种物体表面所反射出来的光谱，照明方式的选择是一种解读空间方式的选择。同一个空间可以通过照明获得不同的解读，而这种解读的方式其实就是设计师的素养和哲学。同时，阴影作为光的对立面，在空间中总是与光互为补充，不仅仅在亮的地方存在光，阴影同样也存在光，光是充斥整个空间的，阴影的颜色也是光照射的结果。因此，空间中的光有多丰富，阴影也同样有多丰富。阴影也应该成为空间构图中与光同样重要的元素。这次我们的作品也就是从这点出发，通过光和影的语言来表达我们的概念。

# 关于 三雄·极光®照明

创立于1991年的三雄·极光照明，一直致力于开发和生产高品质、高档次的绿色节能照明产品。期间开发研制了户内和户外两大品类,包含了各种电气配件、光源、灯具，共计两千多个品种。2003年三雄推出了全系列的T5产品，使节能事业进入更高的阶段。2004年三雄又新推出了装饰类产品系列，以时尚、高端作为装饰类产品发展方向。公司现已发展成为占地5万多平方米，年生产能力上千万套灯具的大型绿色照明生产企业，成为国内最具综合竞争实力的绿色照明生产企业之一。

带队专家：
杨冬江
带队专家：
赵虎
组长：
赵云芳
清华大学美术学院
小组成员：
赵南
中央美术学院
小组成员：
许鑫
职业设计师／广州
小组成员：
贾宏涛
清华大学美术学院
小组成员：
山路麻子（日本）
清华大学美术学院
小组成员：
张潇曦
清华大学美术学院

## 创作笔记

2007/8/28 *广州三雄照明公司参观考察第一天*

今天我们光环境小组在杨冬江老师的带领下到达了广州三雄照明公司，作为大型的绿色照明生产企业，三雄一直对国内高校的室内教育事业投入了极大的关注与支持，并常年资助全国环艺设计学年奖。

下午，我们在三雄公司的技术人员的指导和带领下参观了该厂的三条生产线：光源生产线，灯具及反光罩生产线和电器(镇流器)生产线。其中大部分零部件的生产由精细而熟练的手工操作完成，也有很先进的喷涂车间和压模成型的机床，机床由日本进口，可以在较短时间内制作非标准的零部件，这使得三雄公司具有了自行设计与制作灯具的能力。在参观生产线的过程中，我们理解了一个好的灯具的产生不仅仅是外表的造型，更重要的是它在光源和反光器及雕刻棱镜配合后所得出的配光曲线，各种完美的照明效果都是精确而完美的配光曲线产生的。在三雄公司的灯具展厅里面，我们见到了各种成品灯具，了解了几种空间中常用的色温，色温是营造空间氛围的重要手段。我们还参观了三雄公司的配光数据实验室，这是一个专门进行灯具性能和参数检查和实验的暗室，可以比较精确地检验灯具的实际配光曲线等。我们在展厅中看到了各种光源的显色性对比实验，在这样的比较下，我们发现了光源的光谱及发光原理对于各种颜色的显现程度。

2007/8/30 *广州三雄照明公司参观考察第二天*

上午我们参观了三雄的灯具展厅，里面展示了大量三雄的技术和产品，其中以户外灯具居多，另外三雄自己生产的镇流器，可以达到荧光光源的“无闪”。下午三雄的技术人员为我们讲解了照明的基本知识，为我们的概念创意作了技术的铺垫，晚上去广州番禺区的商业街参观了城市夜景的照明实例，三雄的技术人员实地向我们讲解了城市夜景照明现存的种种弊病，这与中国城市发展和照明技术水平的提高是紧紧相连的。城市夜景照明普遍质量低下，存在眩光污染，滥用灯光，照度不均等问题有待设计师去思考和解决。

2007/8/31 *广州三雄照明公司参观考察第三天*

上午我们在三雄的展厅进行小组的方案探讨，取得了一定的进展，但对于技术问题没有十足的把握。下午请来了三雄公司的许多照明设计师和技术人员为我们看方案，大家讨论得很热烈，在讨论中我们扩充了方案的细节和内容，不仅创意营的概念方案有了正确的思路，大家也学到了很多实际操作中的知识。

2007/9/1 *参观考察第四天*

为了给我们的方案更多准确的数据支持，三雄的技术人员向我们介绍了他们自行开发的一款照明设计软件，可以用于精确计算场馆和室内的照明系统，以及查询三雄公司的产品详细参数。

下午的时候我们继续将昨天的方案进行深化，初步定下了“光 · 影”主题。

晚上三雄公司组织我们观看了一场盛大而精彩的马戏，亲身感受到了用灯光来“秀”的惊艳。各种激光和舞台灯的配合营造了丰富感人的舞台场景，这又启发和发散了我们的设计概念的思维：我们要用“光的表情”阐述我们作为学生设计者的遐想。

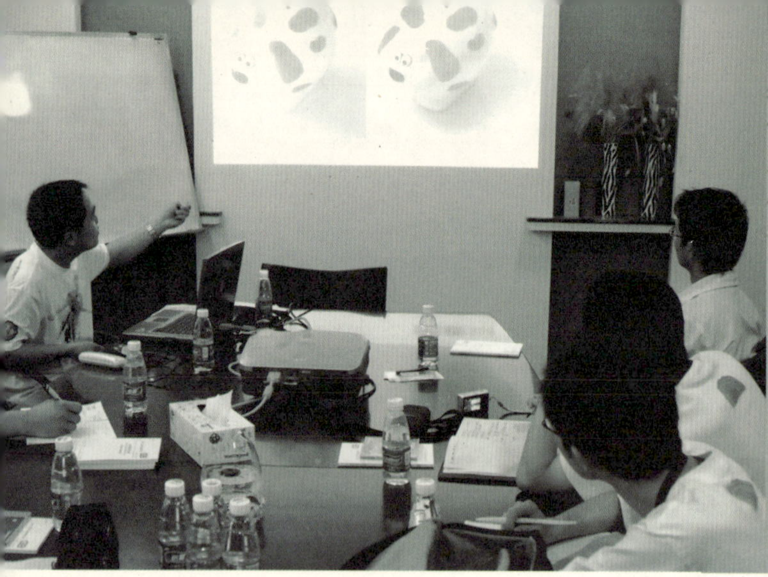

2007/9/7 *开始讨论、制作方案*

9月2日我们依依不舍地离开了广州，踏上了我们方案制作之旅。9月7日我们正式入场制作方案。

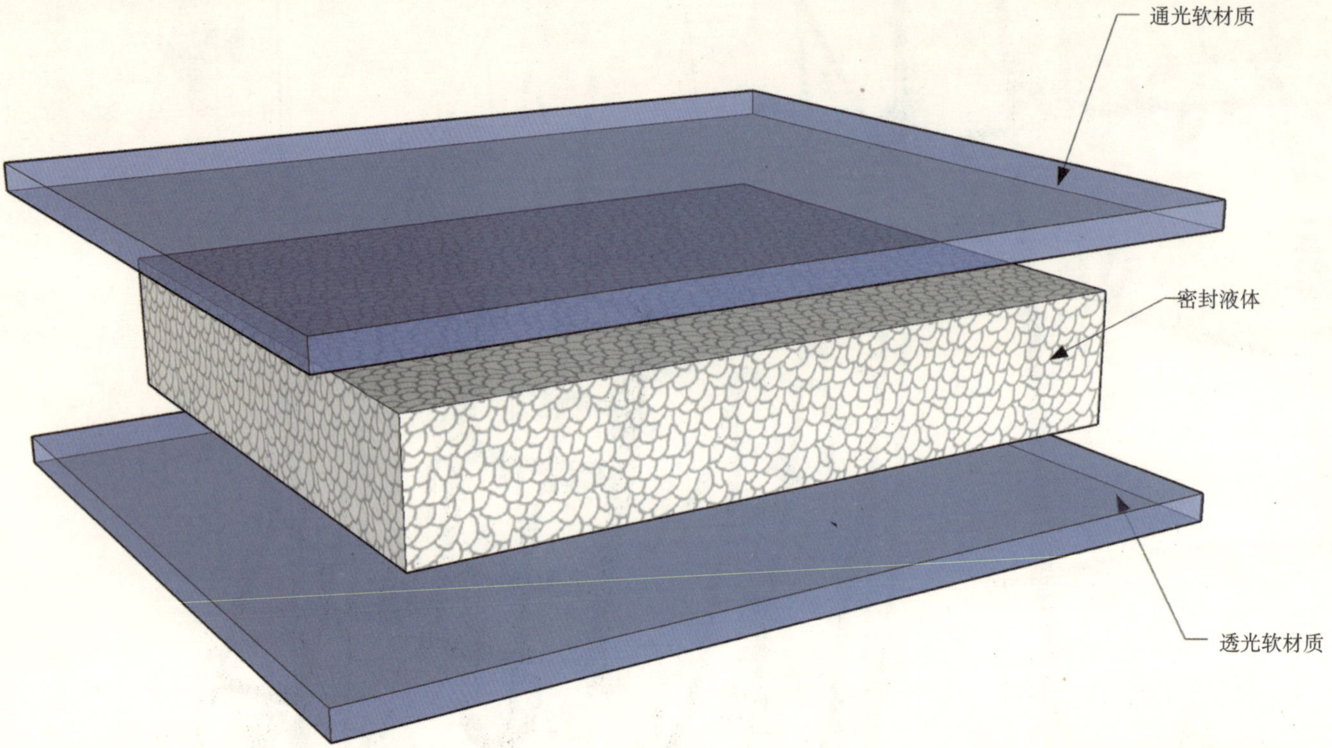


流动的光影概念模型，夹层玻璃中的有色液体在压力下变化,通过底下打光投出不断变幻的彩色影子。

整体概念的中国意象，自然、城市、人三者的对立与和谐。

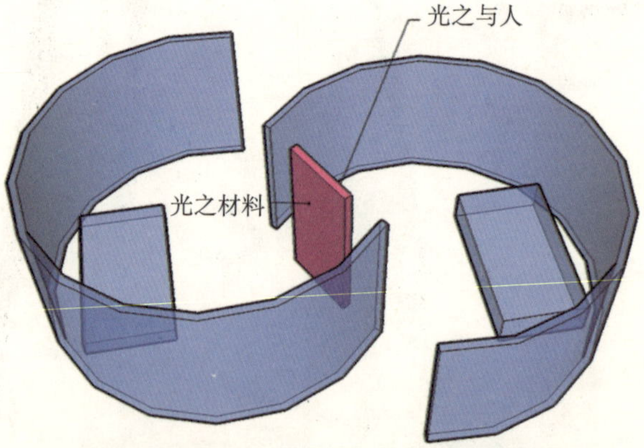


展览场地的最终平面布局形式

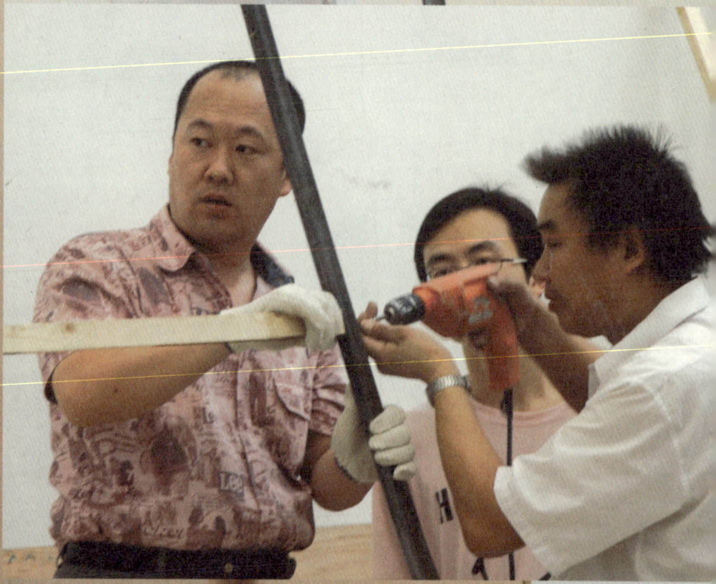

NAUTICA

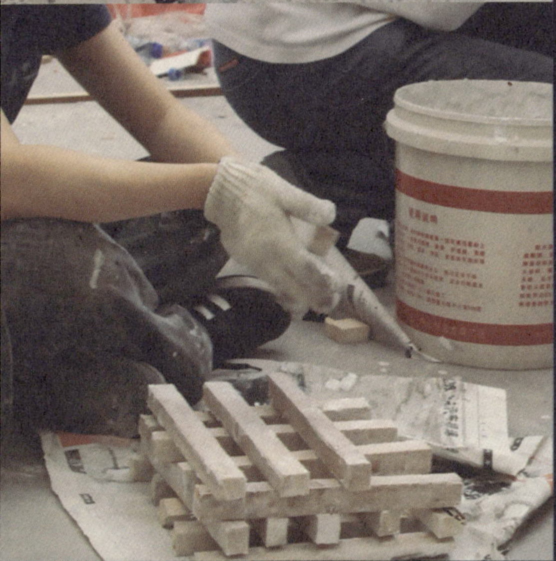

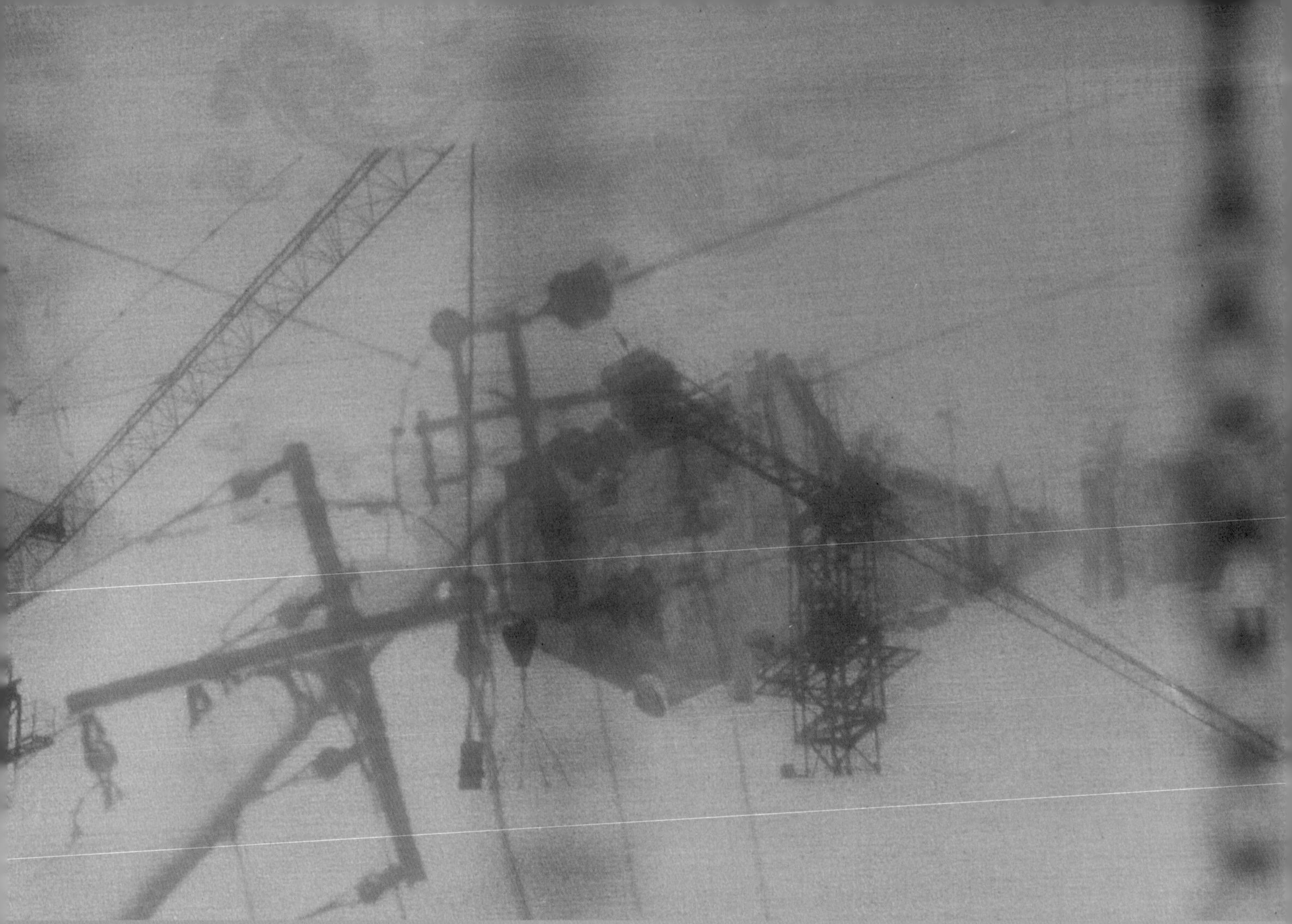

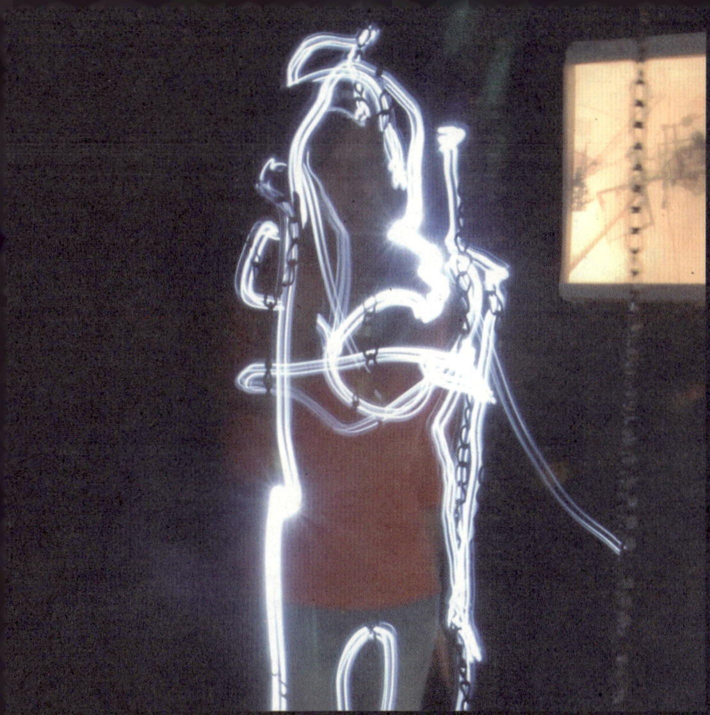

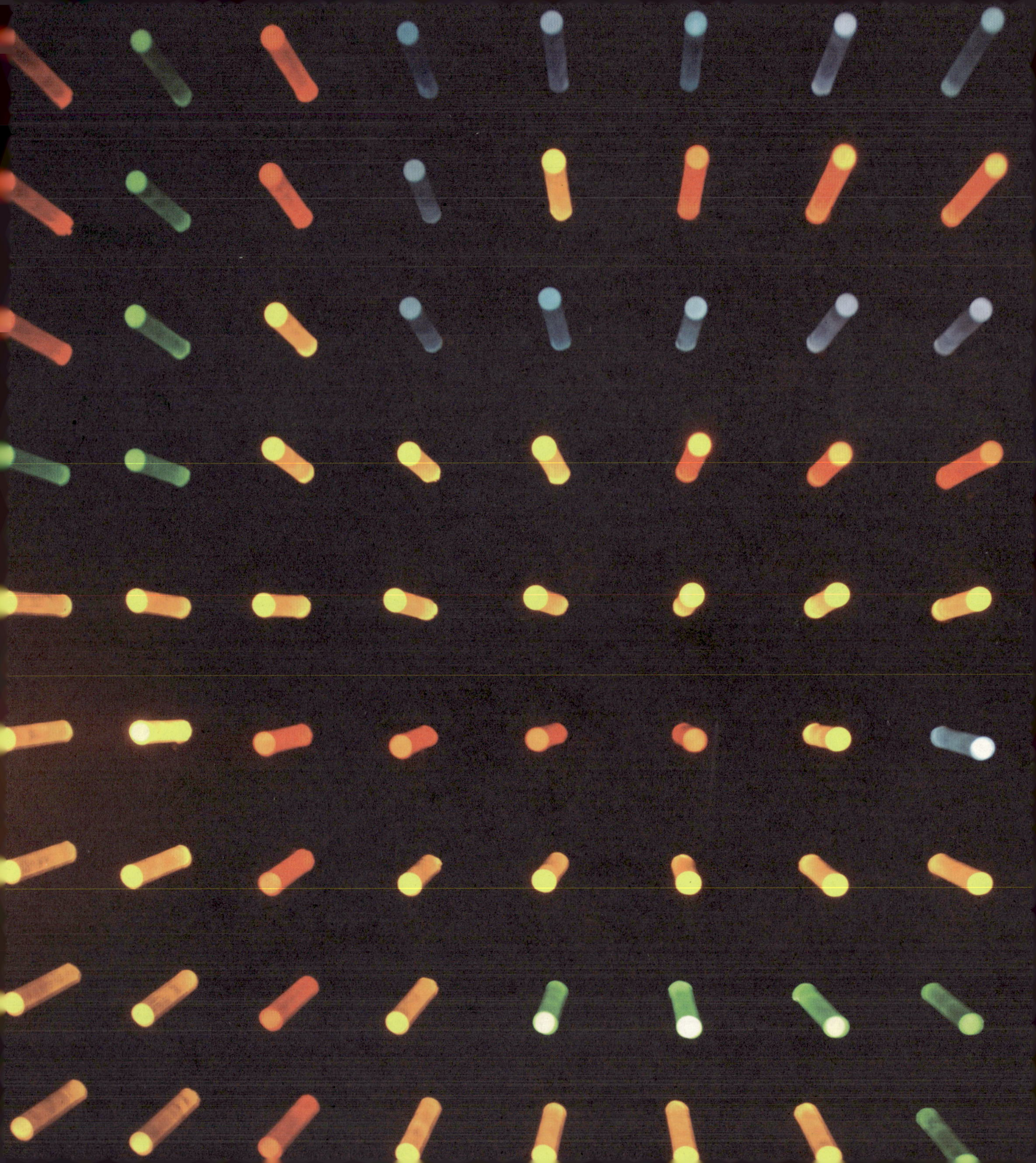

## 作品概述

选取了两个互相插入的“U”形作为方案展览的平面，一是使动线更加自由灵活，空间变化更加丰富；二是“U”形结构更加稳定，且造型比较轻巧，适合作灯光展示的暗室。在展示空间里共布置4件作品，其中用光表现“自然”和“城市”的两件作品分别位于两个互扣“U”形的内端，表达“自然”与“城市”相关相扣，命运相连的设计主体；而另两件作品“光之与人”和“光之材料”位于两个“U”形的相接处，表达“人”与人所运用的“材料”是联结城市与自然的纽带，人的一切活动影响着自然与城市的和谐与矛盾。在用光来进行表现的过程中，每一件作品都有着它自身所关注的问题:

“光之自然”——表现了干涸的土地，贫乏的水源，水被作为能源来发电，以能量的形式转换为光能，点燃了千家万户的灯，现在我们将“水”还给土地。

“光之城市”——表现了城市的过去、现在与未来，每一个人都可以改变城市的肌理，它与每一个参与者有关，正如您参与我们的作品一样。

“光之与人”——正如光与植物的关系一样，光与人的关系应如生命一样，不仅仅是自然光，人造光也应如此，互动的墙面，互动的肌理。

“光之材料”——光不仅仅用于照明，不同的材料与光结合，试验，再试验，你会发现当光融入材料时所焕发出的美丽。

装饰材料与构造实验室

## 产、学、研一体化合作模式的全新探索

杨冬江

环境艺术设计是包含空间、造型、色彩、材料以及物理等诸多特定条件因素的综合产物。每一位优秀的设计师都会对材料，这种构成空间的基本要素有着充分的理解和认识。正如瑞士著名建筑师赫尔佐格所言：“有些东西不太引人注意却影响着人们的日常生活，住在用混凝土造的房子里和住在用木、石建造的房子里是不同的，材料不只是形成了围合空间的表面，而且也携带并表达着房屋的思想。”目前，设计领域中的新技术与新材料层出不穷，发展迅猛。人们逐步从原有传统的设计思维中解脱出来，在设计中更加强调材料的使用方式和构造方法，通过新型材料的应用、传统材料构造方式的变化来求得空间和形式的创新。

艺术设计本身就是体验性非常强的专业，很难想像一个没有坚实的专业基础以及丰富生活阅历的设计师能够设计出优秀的作品。由于所处的环境不同，提高生活阅历的手段、途经可能会因人而异；但是，专业基础和专业知识的获取却只有通过艰苦不懈的学习而得来。在我国高等艺术教育领域，理论教学与社会实践相结合早已形成共识。然而，如何将这一

思想深化到实际的专业教学之中却是大家一直关注和讨论的中心。

材料是建造的基础，没有对材料的了解和认识又何谈掌握与运用。在装饰材料技术的研究与推广领域，产、学、研一体化的合作模式在国内还尚不成熟。本次创作营活动举办的初衷就是希望能够更好地探索专业教学的广度和深度，通过实践教学使学生真正地去了解和触摸材料，提升艺术设计的表现力与创新力。

整个活动从策划、实施到最后完成历时半年多，过程中自有酸、甜、苦、辣。推动前行的动力一是自己相信坚持的意义，另外就是庆幸自己做事情依旧保留着一种激情。

在创作过程中，师生在一起运用多种类型的材料与产品，尝试各种不同材料所组合的多种可能性，重新发现生活中人们已习以为常的问题，记录不断闪现的思维碰撞与创意火花，力求在创作中提出简单而有效的解决方法并各自形成一套完整的创意和理念，深度挖掘材料的艺术表现力。

清华大学美术学院装饰材料与构造实验室

通过与材料企业进一步的深度合作，活动期间，清华大学美术学院装饰材料构造实验室也于同期应运而生。实验室以重点推介国内外具有创新意义和实用价值的装饰材料和相关工艺为目的，方式以实物和多媒体展示为主，并解剖产品的构造节点，以利于师生和专业同行对最新产品信息有所了解和掌握。实验室还将积极致力于装饰材料信息库的建设，这一信息数据库在建成后将适时地向社会无偿开放，在为教学服务的同时，也为社会提供公共的信息服务和专业指导，并能以中立的身份，提供针对产品的权威性评价。

作为产、学、研一体化的合作模式的初步尝试，围绕装饰材料应用与推广的专业实践活动可能还会存在着各个方面的不足。但我坚信，在诸多专业同仁积极热情地参与支持下，在他们充满激情的鼓励与带动下，包括创作营活动在内的专业实践活动今后一定会越办越好，使学校的专业资源应用于教育事业之外的更多领域，更好地回馈社会。

# 创意未来——责任与使命

赵虎

我受杨冬江老师的邀请，参加清华大学美术学院装饰材料应用与信息研究所的创作营活动，深感荣幸！在设计圈里混的时间长了，对材料的认识不断地在积累，对它的关注也不断地在加深。

可以这样说，设计的向前发展与对材料的依赖是成正比的。如果我们把设计的发展看作横轴，把材料的发展看作纵轴，那么它的发展轨迹是陡然向上的。到现在，基本上是设计进步一小步，就要求材料进步一大步。

我也曾试图将头脑中有关材料的思考片段穿起来，却发现很困难。踌躇之余，感叹本次创作营活动的意义重大。而面对中国设计的新一代，我们又能给他们什么忠告呢？

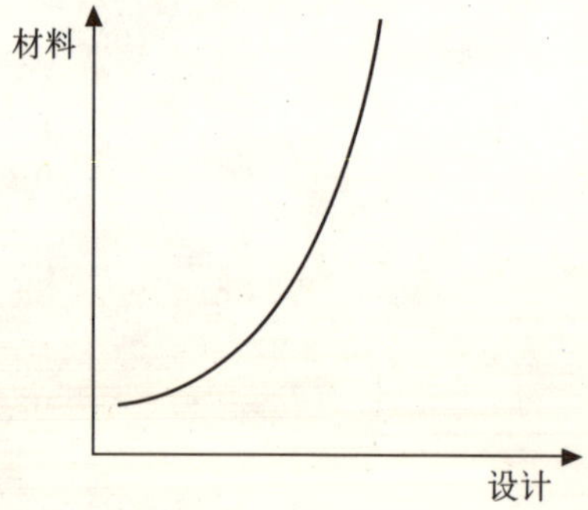


*片段一：材料发展与时代*

在很久以前，古人多用石头、木头和土来作为材料，材料单一且所见即所得，它们既是建筑材料又是装饰材料，两个属性似乎是合一的。而随着时代的进步，材料的结构属性和装

饰属性逐渐分开。我们可以用钢筋和混凝土把建筑架起，再用表面饰材来美化。这个时代给我们的设计提供了一个广阔的发展空间。而设计是无止境的，随着复合材料技术的进步，像这样的设计逐渐成为现实，我们在更高的一个层面上实现了结构属性和装饰属性的统一，两个属性的分分合合构成了材料进步和时代发展的主画面。

*片段二：对材料的认识和应用*

学生时代的学习永远是落后于现实生活的。我回想起在学校学习的时候，我们的建材课的教材不知道是多少年前的了，而新材料在课本上根本找不到。这怪不得我们不用心学，想想也合理：作为教材，它必须是严谨的、不允许出错的、最好要被实践检验过的。而现实生活是丰富多彩的，一些新材料已经面市很久才会被收入教材中去。这样，必然出现生活中的材料书本上没有。而哪里是材料研发的源泉呢？——是大型企业的研发机构(中心)。因此，书本落后于生活，企业研发中心领先于生活。这也是为什么我们的创作营活动是正确的原因。

学生时代由于很少有实践机会，对材料应用的实践基本没有，基本停留在对材料的认知层面，而认知的深度和广度就成为我们日后实践的重要基础。因此，“知道”和“基本会用”是我们的基本要求。

*片段三：材料与创新和可持续发展*

这是一个矛盾的话题，创新的结果不可预测，而可持续发展要求我们对发展有准确的预见和判断。我国的佛山是全球最大的瓷砖生产基地，而代价是环境的重度污染。同时，我们把有限的自然资源——黏土，烧制成了不可降解的瓷砖。我们不知道今后若干年，我们该如何面对大量的瓷砖垃圾？与此形成对照的是，意大利的一家卫浴企业，刚刚研制成功了可以循环用水的浴缸，而水的处理系统用的原料是食盐。学生时代不要求我们去创造些什么环保材料，但是我们应该建立一个有环保意识的头脑。

*片段四：我们怎么办？*

1．对各种材料充分认识和了解。五花八门的材料世界，真正分门别类起来，无非那么几种，认识起来并不困难。这时候自己动手找机会用一下，就了解了大部分。如果有机会走进生产和研发企业看看，就基本上算是半个专家了。

2．用环保的意识重新审视眼前的材料世界。设计永远是走在材料前面的，我们应该自信地说，没有设计师就没有材料的进步。从应用角度讲，流行的行货永远是过时的。从当代中国发展的现实讲，材料生产企业基本还处于资本积累的初始发展阶段，还没有讲求社会责任特别是环保意识的观念。因此，我们有责任使一些“仓廪实”的企业尽快进步到“知礼节”的阶段。从这个角度讲，清华大学的牌子是促使企业“知礼节”的催化剂，清华学子自然责无旁贷。

3．幻想一个美好的存在，或者提出一个假设。任何事情都是双刃剑，学生时期见识少，但是约束也少，对材料的熟悉也许会成为创新的羁绊。在去年11月的时候，我走访国内某卫浴企业，当老总向我介绍他们的新款人造石浴缸的时候，我曾经很外行地建议：是否可以研制为透光的材料？在一个月之后，就是前面讲的那个意大利企业，把透光的浴缸的图片展示在我眼前，告诉我他们已经研制成功，并且把水的循环利用系统整合进去了，只是售价要二十多万元。

4. 在实践中努力去接近它。这就是我们的创作营的工作。

感谢清华大学美术学院为行业进步所作的努力。我们美国《室内设计》杂志(中文版)也愿意参与其中，我们的“中美室内设计教育与研究基金”将支持高校对材料进步所作的研究与实践。

感谢杨冬江老师的真诚邀请，感谢郑曙旸和苏丹老师创造的这样一个良好的平台。

# 板材小组

《序列》

## 前期调研

*石膏板的知识*

现阶段，石膏板在建筑领域拥有举足轻重的地位，同时它的存在也具有很强的经济价值和生态价值。

石膏板之所以能得到迅速的推广应用，并在多年的发展演变进程中不被淘汰，与其优越的性能分不开，总的归纳为以下10点：

1. 生产能耗低，生产效率高：生产同等单位的纸面石膏板的能耗比水泥节省78%，且投资少生产能力大，便于大规模生产，国外已经有年生产量可达到4000万平方米以上的生产线。

2. 轻质：用纸面石膏板作隔墙重量仅为同等厚度砖墙的1/15，砌块墙体的1/10，有利于结构抗震，并可有效减少基础及结构主体造价。

3. 保温隔热：由于石膏板的多孔结构，其导热系数为0.16W/(m · K)，与灰砂砖砌块[1.1W(m · K)]相比，其隔热性能具有显著的优势。

4. 防火性能好：由于石膏芯本身不燃，且遇火时在释放化合水的过程中会吸收大量的热，延迟周围环境温度的升高，因此，纸面石膏板具有良好的防火阻燃性能。经国家防火检测中心检测，纸面石膏板隔墙耐火极限可达4小时。

5. 隔声性能好：纸面石膏板隔墙具有独特的空腔结构，大大提高了系统的隔声性能。

6. 装饰功能好：纸面石膏板表面平整，板与板之间通过接缝处理形成无缝表面并可直接进行装饰。

7. 可施工性好：仅需裁纸刀便可随意对纸面石膏板进行裁切，施工非常方便，用它做装饰，可以摆脱传统的湿法作业，极大提高施工效率。

8. 舒适的居住功能：由于石膏板具有独特的“呼吸”性能，在一定范围内可调节室内湿度。

9. 绿色环保：纸面石膏板采用天然石膏及纸面作为原材料，不含对人体有害的石棉（绝大多数的硅酸钙类板材及水泥纤维板均采用石棉作为板材的增强材料）。

10. 节省空间：采用纸面石膏板作墙体，墙体厚度最小可达74毫米，且可保证墙体隔声、防火性能。

## 关于 BNBM

北新建材是国务院国资委直属央企中国建材旗下的A股上市公司，1979年在邓小平同志的亲切关怀和指示下在北京海淀区西三旗1平方公里的土地上由原国家建材部投资成立，目前资产规模50亿元，是中国最大的新型建材产业集团。

北新建材以打造中国世界名牌和振兴中国制造为己任，从中国第一家五星级饭店长城饭店、第一个大型钢结构建筑北京京广中心、北京第一高楼330米的国贸三期、中国第一高楼492米的上海环球金融中心、亚洲最大的单体综合酒店澳门威尼斯人酒店、全球最大的航站楼首都机场T3航站楼，到人民大会堂、国家大剧院、故宫改造等国家重点工程；从国家体育场“鸟巢”、国家游泳馆“水立方”等奥运会所有的体育场馆到《时代周刊》全球十大建筑奇迹三项中国建筑(“鸟巢”、CCTV新大楼、北京当代万国城)，北新建材龙牌系列产品都在激烈的全球品牌竞标中以国际水平的质量、服务特别是北新建材独有的墙体及吊顶系统应用解决方案，赢得了设计院、业主和建设单位的一致认同，奠定了北新建材的行业领导地位。

2007年公司连续第四年快速增长，业绩四年增长了两倍。核心产品石膏板业务规模从4000万平方米发展到4亿平方米，矿棉板从800万平方米到1600万平方米，龙骨从2万吨到6万吨，三项业务成为中国第一。北新建材的战略目标是到2010年左右，将核心业务石膏板发展到10亿平方米，成为亚洲第一、世界前三，有自主品牌、有自主知识产权、有国际竞争力的世界级新型建材产业集团。

组长：
孙琳
清华大学美术学院
小组成员：
江海洋
职业设计师／河南
带队专家：
梁文
带队专家：
王辉
小组成员：
湛曙光
清华大学美术学院
小组成员：
李磊
中央美术学院
崔轩
小组成员：
宋颖
清华大学美术学院

## 创作笔记

2007/9/1——2007/9/3 *参观北新建材厂*

为了充分挖掘石膏板材在功能与应用形式上更多潜在的优势，我们组创新实践的前期工作深入了解了石膏板材的物质组成、加工工艺、各项性能指标及其目前的使用状况。

在开营仪式后的几天里，我们得到了赞助厂商——北新建材的大力支持，小组六名成员跟随指导教师，在厂方的带领下，进入到石膏板在北新建材厂的加工车间里做细致入微的调研工作。其中我们着重对厂房里纸面石膏板的加工制作与施工工艺进行了学习和研究：纸面石膏板是以建筑石膏为主要原料，掺入适量添加剂与纤维做板芯，以特制的板纸为护

面，经加工制成的板材。纸面石膏板具有重量轻、隔声、隔热、加工性能强、施工方法简便的特点。

由于纸面石膏板具有质轻、防火、隔声、保温、隔热、可加工性能良好（可刨、可钉、可锯）、施工方便、可拆装性能好，增大使用面积等优点，因此广泛应用于各种工业建筑、民用建筑，尤其是在高层建筑中可作为内墙材料和装饰装修材料，如：用于柜架结构中的非承重墙、室内贴面板、吊顶等。

现场我们了解到，作为环保型的材料，纸面石膏板力求源于自然、成于自然、合于自然、还于自然。而以轻质高强的薄壁形钢为顶棚骨架的主(大)、次(小)龙骨，是现阶段我们所掌握的纸面石膏板的常规应用形式。从而，我们明确了接下来创新实践课题的目标及方向。

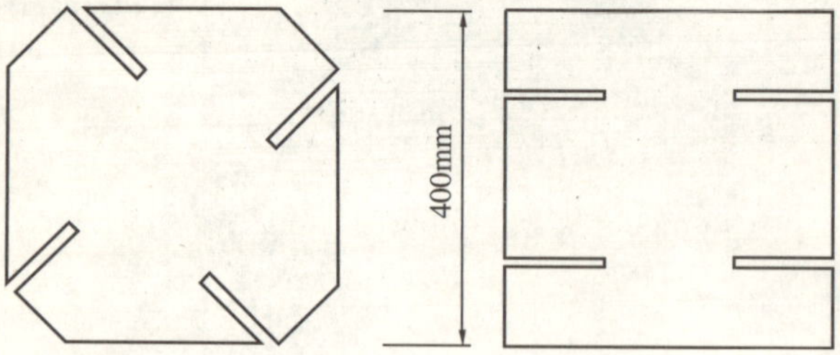

2007/9/4——2007 / 9 / 6 *方案初次讨论*

完成在北新建材加工车间的现场调研，我们将不同厚度规格的纸面石膏板拿回来做一系列的性能测试。首先我们通过凿、钻、掰、打孔等手段，对材料的表面作了肌理创造等尝试。在此过程中探求、设想更多新鲜的可能性。

1. 外观、物理性质:

a 立体构成( 与铁丝、水等其他材料的结合)，软硬，组合方式，可塑性。

b 环保的材料与石膏板。例子：苹果包装与石膏板的整合。

c 强调特性。

d 美化，肌理（打孔不同方向产生的光线——透光）

2. 功能的延伸:

a 与其他材料的复合。

b 与其他材料的功能的复合( 石膏板内加入荧光粉）。

c 与感声材料与感光材料的结合。

d 红外线感应。

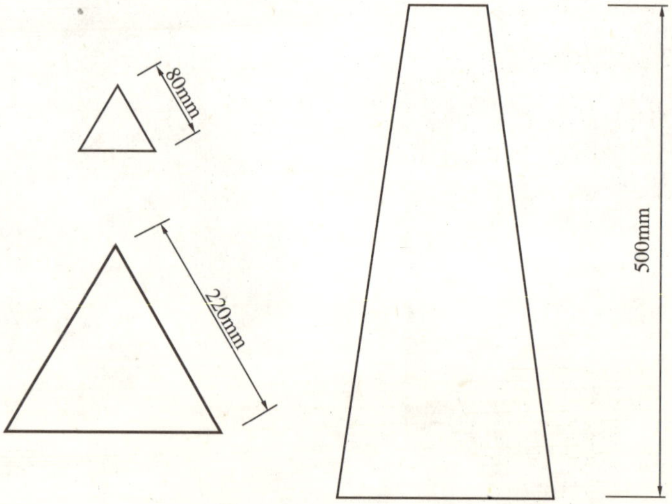

2007/9/7——2007 / 9 / 8 *材料试验及方案第二次讨论*



创新的思路被打开。在与老师进行深入的沟通后，我们确定了方案的深入方向——选取纸面石膏板作为研究对象，针对其质量轻、易加工、可大批量制作，具有可折叠性等特点，探索其自身潜在的建筑、装饰性能。

设计方案由最初的探求表面肌理及立体造型的变化，逐渐深入到材料自身的安装和功能展现的过程中，使石膏板充分的体现其自身潜在的建构美。在不影响纸面石膏板原有质轻、易切割加工等优点的原则下，充分结合石膏板在规格方面的特征，尽可能将其加工成具有某种规律的单元体，以期打破石膏板原有只能依赖轻钢龙骨加固的传统硬连结方式，设计出单纯依靠石膏板自身穿插或叠列的方式固定成的墙体，从而展现其潜在的功能与建构之美。

出于对石膏板本身作为空间界面这一功能的保留考虑，我们将方案发展为具有一定体量和支撑结构的两面“墙”。而面对制作过程起步晚、工程量又极大的情况，我们采取了“流水作业” 和 “批量生产”的加工方式。

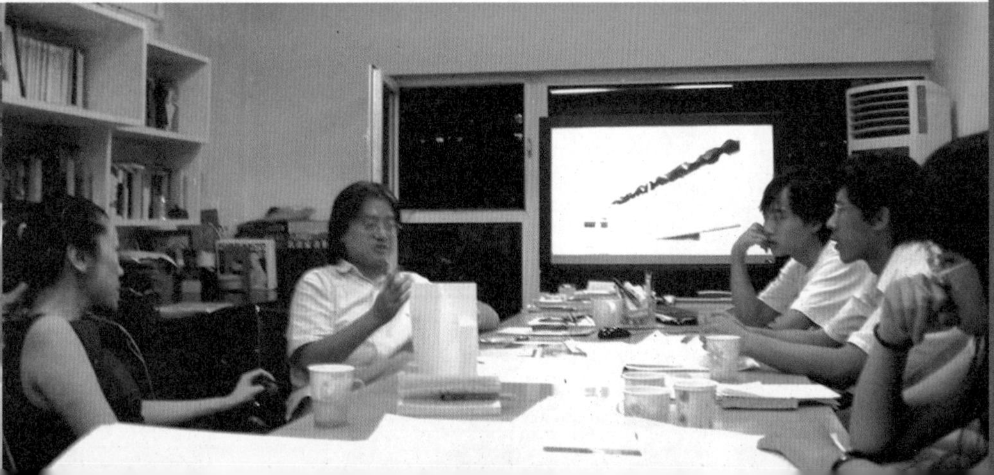

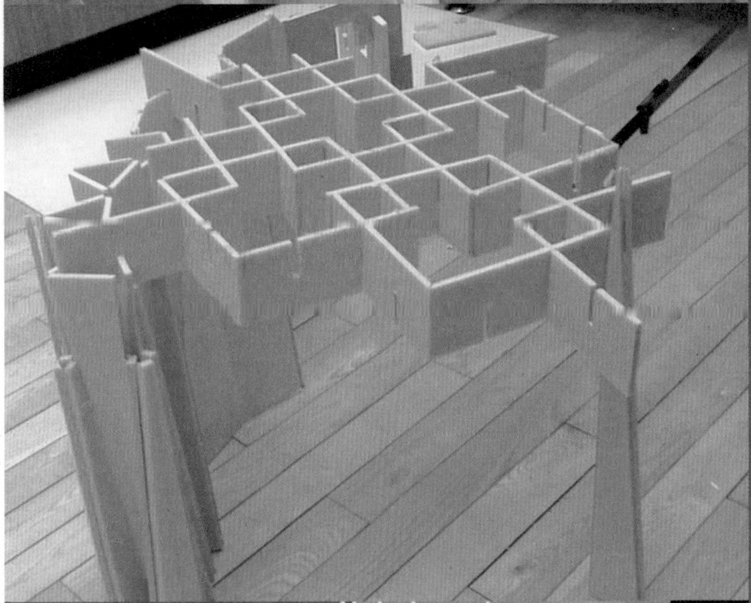

2007/9/9——2007 / 9 / 13 *分析模型*

由于设计目标明确，分工细致科学，因此很快就得到了一批有质有量的“初级产品”。接下来是将众多单元形拼装成一定量的体系，这是一个能展现出石膏板与建构工程有极强联系的重要过程，也最能体现我们的设计旨在。

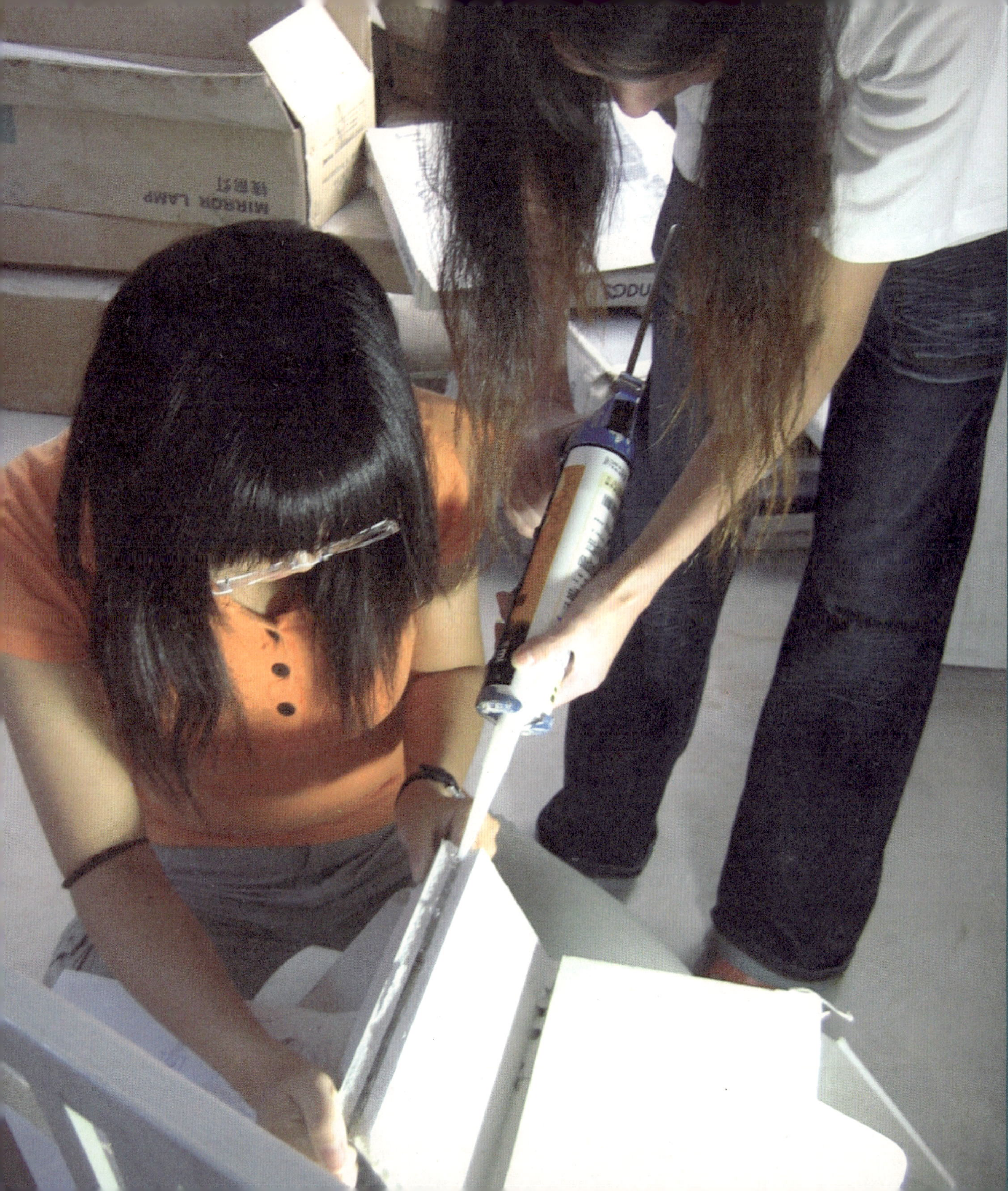
MIRROR LAMP

2007/9/14——2007 / 9 / 16 *开始拼装墙体*

为了保证墙体的稳定性，我们打好了一个稳固的基础。同样，在拼接的过程当中我们确保各单元片之间紧密咬合也是工程高质量完成的有力保障，同时运用粘合剂将单元片间的连接处加固。

看似单一的单元体，却在结合处富有趣味的结构造型。在过程中体会理性设计出的富有韵律的组合体是如何让空间变得丰富而活泼起来的。与第一面墙体不同的是，这种搭接方式在赋予其节奏感的同时更增强了其体量感。

辛苦的制作过程完成，同时收获了愉悦。

沉淀整个材料创意营活动的意义：我们收获的不仅是局限于对石膏板材本身的深入认知，更加深了对各类建筑装饰材料的关注程度。并且，同所有团队协作的活动一样，我们还拥有了来自各方面的关怀信任与真挚的友谊。

## *作品概述*

作为对环境艺术设计充满热情的青年，我们期望并努力使用以表达设计作品的专业语言丰富而有说服力。对材料知识的了解、掌握与实际应用是达到这个目标的一种重要手段。

在活动中出现的六大类建筑、装饰材料中，我们组更有幸“结识”了石膏板材——这种具有丰富设计表现力的材料。面对这种制作工艺及施工方法都已经相当纯熟的室内装饰材料，你可以没有想法，因为材料本身就已经表现出其美感了。但是我们组就是要通过这次的材料创意活动，用全新的“石膏板语言”为您讲述一个不一样的空间故事。

创作中特选取纸面石膏板作为研究对象，针对其质量轻、易加工、可大批量制作，具有可折叠性等特点，探索其自身潜在的建筑、装饰性能。

设计方案由最初的探求表面肌理及立体造型的变化，逐渐深入到材料自身的安装和功能展现的过程中。并最终发展为通过石膏板自身穿插、叠列等连结方式固定成型的体系，从而打破了传统的依赖轻钢龙骨加固的硬连结方式。这种集实用功能与形式美感于一体的全新尝试，使石膏板充分的体现其自身潜在的建构美。

作品的创新意义表现在传统用于固定石膏板的轻钢龙骨支撑不见了，取而代之的是石膏板单元间的穿插、叠列等联结方式。当然，最后展示的作品也只是我们实践过程中创意出的部分成果。

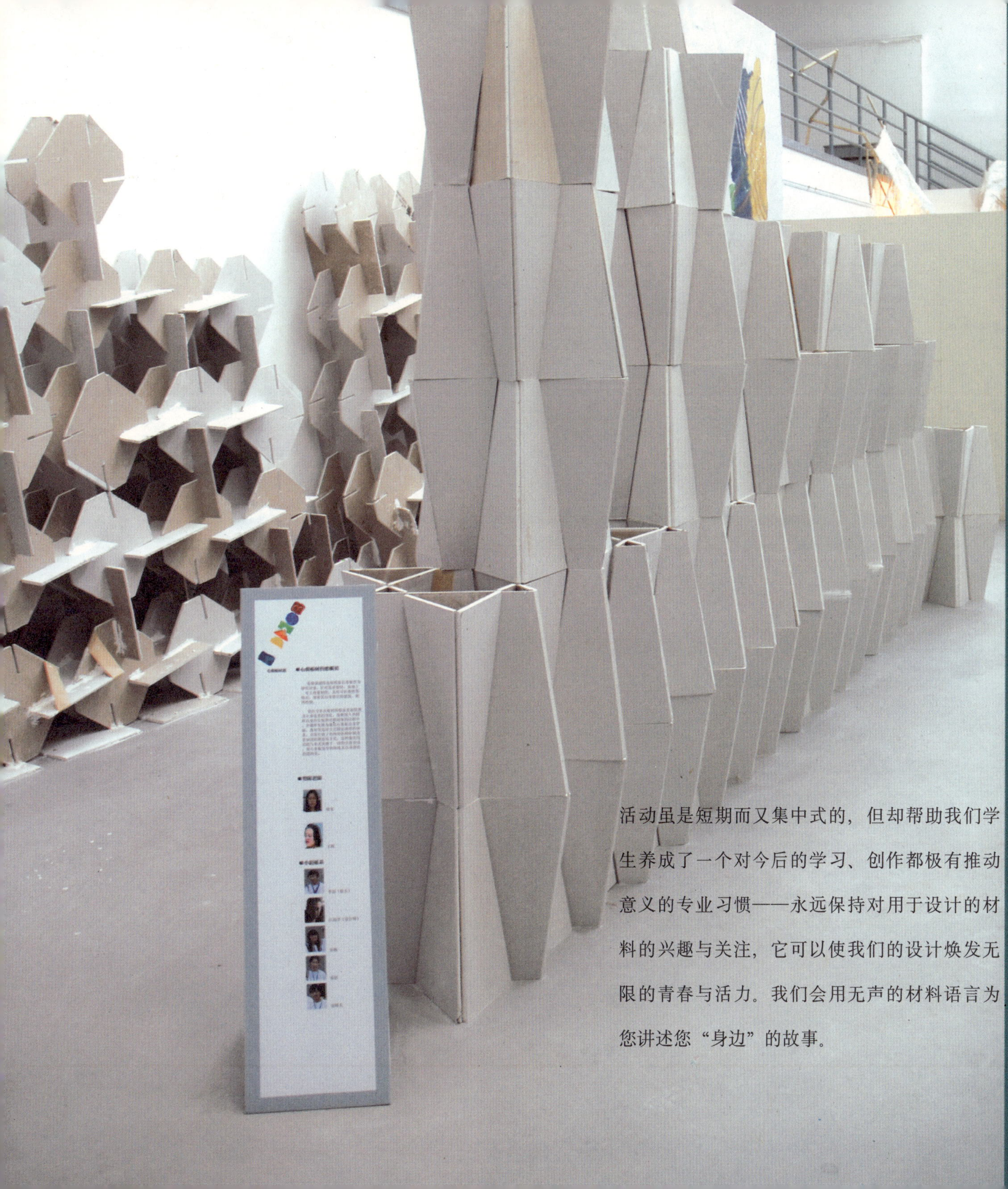

活动虽是短期而又集中式的，但却帮助我们学生养成了一个对今后的学习、创作都极有推动意义的专业习惯——永远保持对用于设计的材料的兴趣与关注，它可以使我们的设计焕发无限的青春与活力。我们会用无声的材料语言为您讲述您“身边”的故事。

## 情感和思维的建立

梁文

当包豪斯建立现代设计教学的课程体系时，有关制造工艺(Craft)和材料的课程占据了相当的比重。我们学校的设计教育课体系与包豪斯是十分接近的，但是今天，制造工艺和材料却成了课程体系中被轻视和忽略的一部分。仔细想想，情况不应该是这个样子，我们学校(清华大学美术学院)的前身是中央工艺美术学院。工艺(Craft)和美术(Arts)，从校名中就应该平起平坐。然而实际情况却是制造工艺和材料在一些现代设计专业中，比如环境设计专业，却成了作为补充知识的课程。在课堂中学生很难建立与工艺和材料的情感，更不用说是从工艺和材料上考虑设计了。

请原谅我用了一个并不现代的词汇——工艺。之所以用这个词代替技术是因为在这次活动中，我们的体验是工艺性的，并且在制造过程中与材料所建立的关系也更接近于手工艺。

学生对于材料和制造工艺经验的缺乏是每一个老师，甚至于学生自身都了解的，也正是基于这个原因而有了这次活动。然而在这次活动中让我思考的一个问题是：学生缺乏的不仅仅是对于材料和制造工艺经验的缺乏，更为主要的是与材料和工艺在情感上的断裂，从而造成的在思维方式上不能建立与材料和工艺的逻辑关系。

在活动最初学生所表现出来的茫然无措，使我意识到材料和工艺对于他们来说完全是抽象和无法操控的。所表现出来的是学生试图用他们的常规思维，即对材料进行装饰性的改造来进行他们的设计。

在这里我不得不解释一下大多数学生在进行设计时的常规思维。在学校的课题训练中，强调的是感官效果的建立和表现，其中最主要是视觉效果。学生往往更关注最终的效果，空间造型、光影、图案、装饰等，而忽视设计概念的正确建立和发展。在课程中，最为常见的概念确立方式是对形容词的选取。比如：高贵、纯洁、活泼、浪漫这些设计概念。实际上，这些描述性词汇所具有的是一种不明确的感官状态。如何解释这些词汇，尤其是如何用设计语言去解释这些词汇是一件十分困难和不确定的行为。其导致的结果就是在设计方案和概念之间无法建立合理的逻辑关系。

在这次课题中，当学生面对一块具体的石膏板的时候，这种习惯性思维方式彻底地失去了功效。在这个阶段学生被禁止从任何似

是而非的形容词汇入手。学生们既然无法从明明白白的物质实体中找到可以被利用的形容词，继续向前的道路则变得异常艰辛。随之而来的是设计思维倒退，即退回到对日常或书籍上那些与材料本身或有或无的形式美的寻找之中去。

因此在课题的初期，学生面对的最大困难是对于习惯性思维方式的抛弃。对于材料本身进行正确的了解和分析是学生们必须要做的第一步工作。

我可以看到学生在这一阶段的懵懂和痛苦，但是每一个学生都在这种似懂非懂的状态下进行了各种尝试。从对石膏板进行的破坏性试验开始到分解材料。学生由此与材料进行了第一次亲密的接触。他们开始记录更为具体的描述，如：在冲击力下材料易断裂；水泡过之后材料变软；用手折断后，材料的肌理效果是完全不同的等。在这个阶段中学生了解了材料作为一种物质的自身特征：不可弯曲性、不透光性、可改变性(在某种条件下)以及由材料所带来的制造施工工艺特征，如：不可自身竖立，必须依靠支撑物……这一系列具体问题的发现与总结，逐渐的使学生越来越关注材料本身。至此，在近10天的工作里，学生与材料建立了真正意义的“情感”，也由此找到了面对材料时设计人员应该关注的内容。

在活动的发布会上，学生是这样介绍他们的方案的:

*“首先明确一下我们方案的目标：在不改变纸面石膏板原有轻质、易切割和加工等这些优点的原则下，充分发挥石膏板的特征，尽可能加工成固定、有规律的单元体。打破石膏板原有只能依赖于龙骨的方式,然后固定成墙体。我们最终的方案为具有一定体量和支撑结构的两面墙体。第一个方案为：各个单元体之间用插接的方式进行连接。这是最终连接的效果。第二个方案采用的是叠列的连接方式。”*

从学生对方案的描述中，可以感觉到他们无论是在对材料的理解上还是对设计的思考上，都表现出了明确而具体的正确思维。

制造阶段的艰苦是每一个同学都没有预料到的。尽管在图纸与计算机三维空间中学生们做了充分的准备。但是当真正面对比他们想像无论从数量和体量上都要大出很多的材料时，茫然无措又一次开始出现在每一个人的脸上。但是在全体组员共同的努力下，在这次活动中板材小组成绩喜人。

*“这个工程起步比较晚，工程量也比较大，我们采取了流水作业的方式，由于设计目标比较明确，分工比较细致科学，因此很快得到一批有质有量的产品。接下来是将众多的单元形体拼装成一定量的体系，这是一个能展现石膏板和建筑工程有机联系的过程，也最能体现我们的设计理念。”*

这次活动我相信是板材小组每一位成员都无法忘记的。作为带队教师，我也为我的学生艰辛的努力感到骄傲。同时我相信，在近一周，如同真正的工人一样的工作中。学生们真正建立了制作工艺的概念。

尽管在设计过程中，学生们对于板材的裁切进行了计算，合理地利用了原始材料，并对每一个插口也进行了设计，但是在拼插方案中，仍然遇到了不可解决的问题。由于单元体是四边都要插接，因此在第二层时无法将插口同时就位，在最后的成品中，仍留有表现这个遗憾的几个断口。进行插口设计的学生，因此也意识到三维模拟设计与实现制造工艺之间的距离。然而实际上并不完全如此，如果真正了解了制造工艺，在三维数字环境中的设计会变得更为可靠。我相信如果现在再让这位同学进行这个设计，他一定会考虑到这些问题，在图纸阶段加以解决。因此可见，工艺上的直观体验是任何其他方式无法取代的。要想真正地了解工艺，学生们只有一个途径，就是不停地去制造、去经历失败、再去制造。

虽然这个活动是作为材料实验课一次短时间的探索，但我更希望这仅仅是一个开始，开始将制造和材料的学习真正地纳入到课程体系当中，从而弥补现存体系的缺失，并彻底改变教学中对材料、制造工艺知识传授仅仅停留在教室讲授形式上的这种现状。这样才可以使学生建立对于材料和制造工艺的情感和认识。材料和制造工艺并不是设计的补充，其自身就可以成为设计的切入点和设计本身。只有了解到这层含义，学生才有可能拥有建立在制造工艺和材料层面上的设计思维，做到真正的创意未来。

## 建构材料和构造之间的连线

王辉

材料和构造课程一直是设计教育的必修课，但传统的教学方法仅仅专注于两个端点的描述：从物理、化学性质角度和工业化产品角度对材料的描述，以及从生产的标准化和安全的法定化角度对构造的描述。对于毫无经验的学生而言，这些知识只能让他们懵懵懂懂，甚至厌烦。因此，相比于空间和造型，设计专业的学生们对材料和构造往往鲜有兴趣。

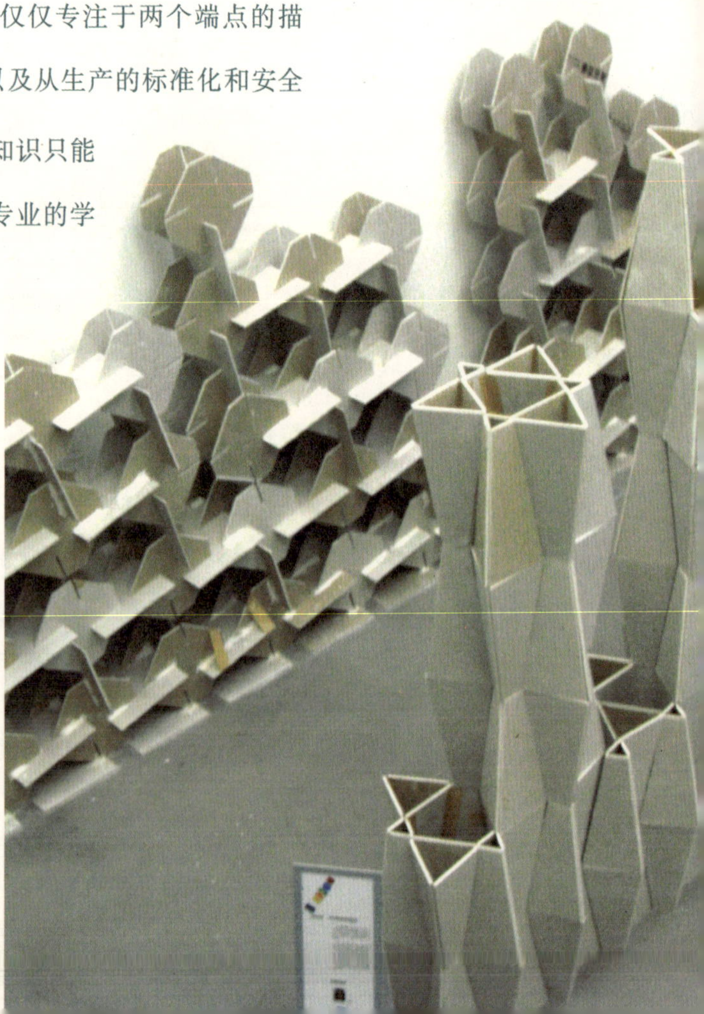

事实上，无论是教师还是学生，将上述的两个端点连成一线是一个很有挑战性的教学试验和实践。学校应该是一个充满想像力的地方，两个端点之间也不应该只有惟一的一条直线。各种迂回曲折的连线，都会对两个端点产生有意义的扰动和诠释，并因此产生有趣的知识。灌输知识永远不是教学的惟一目的，创造知识才是学校的本分。教学不是两点之间的短跑，而应是充满遐想的漫步。教师和学生在漫步中都得到了享受。

清华美院环艺系2007年的材料营便是这样的一种漫步。它通过让学生对材料的亲身接触，用制造的方式来重新理解和演绎材料知识，从而使材料和构造成为充满热情的设计课题。当然，这也不是一个轻松的漫步。材料的组织方式毕竟有一定的约定俗成，从一点到另一点有强劲的惯性轨道。学生们去工厂实地考察，是带着挑战既有工艺和产品的兴奋心情而去，但工艺参观之后也不免盲然而归：破旧立新谈何容易。因此，课程经历了一个踯躅期也再所难免。所幸的是，夏令营的形式，使研究时间更集中，团队力量更强大，毅志力更坚定。激情和勇气是创新的前提，不断失败的制作是达到目标的必经之路。学生们在短暂的时间压力下，坚持不懈地制造(making)，并最终从制造中获得打开下一道门的钥匙。

制造是当前设计教育中渐渐被强化的一个环节。制造往往被理解为一种动手能力的培养，但事实上这是“动情感”能力的培养。在手工艺时代，艺人和产品是直接接触的，因此产品总会被渲染上人文的色彩。但工业化时代以后，设计者和被造物渐行渐远。尤其是产品被法律化、标准化和程式化之后，制造者的情感因素被淡化了。诚然，设计师不可能去代替泥瓦匠，但现时的设计教育又何以能使设计是从观察一砖一瓦的砌筑中获得灵感与激情呢？这需要设计师从新投入到制造的程序中。

含着情感的制造，使材料和构造之间划上了一条有趣的连线。教育不应当去追求着条连线的完美，而应去诱发它的多样性和趣味性，以及学生对连线两个端点的个体化理解。诚然，这个课程是以一个结果性的展览为结束，但展览不是目的，过程也未必是目的。让学生学会在整个过程中如何发现课题、寻找课题解决之道、有勇气和毅力去完成课题、并能享受创造的愉悦，是培养设计师所要做的事情。

软木小组

《生命》

## 前期调研

*软木的知识*

软木并不像其他木材那样是使用树木的树干，而是树皮。它是由栓皮槠（Guercus surber）或栓皮栎（Guercus variabilis）采割而获得的树皮；世界上只有栓皮槠和栓皮栎这两种亚热带树木的树皮可以用来加工软木制品。这两种树木主要分布在我国的秦岭地区和地中海沿岸。软木是极为稀有的材料，它是橡树的保护层，即树皮。树长到25岁时就可以采剥树皮，剥皮以后不影响生长，它还可以继续存活。软木的厚度一般为4至5厘米，优质的软木可达8至9厘米。软木每隔9年采剥一次，每棵树约可采剥10至12次。因此软木属天然材料，有益于人体健康。因为源于树皮，在采伐后树木们会继续生长，新的树皮会将不受任何损伤，取自天然而不破坏自然环境。

在软木的应用方面，在中国，人们接触最多的软木就是葡萄酒瓶塞，而其他的软木，尤其是用于装饰领域的软木，人们了解的还很少。不过在一些商店或酒吧里可以看到用软木做的墙饰，这种软木墙板用在居室中可做电视后面的背景墙装饰。其实在欧洲，软木广泛地运用在生活领域，尤其是在教室、儿童医院、图书馆、幼儿园、卧室中，软木地板所独有的防潮、降噪声功能特别适合这些场所的使用。软木地板在我国的应用可追溯到1932年，那时，仅有1厘米厚的简易的软木地板被用在北京古籍图书馆，使用了70多年仅磨损掉0.5毫米。与其他铺地材料相比，软木地板具有非常好的防潮性能。如果水长期侵蚀在下面，不会腐烂，这可以从百年老窖中软木酒桶和软木塞的表现得到答案。在经过了严格的铺装后，它可以铺在浴室里，甚至浸泡在浓盐酸中1小时不溶解松散。软木不仅防水性能非常好，不怕日晒雨淋，而且也不易燃，同时能散发特殊气味防虫蛀。多样的优点使它被称为“全能”材料。

关于

JILINK®
静林软木地板

静林企业自1998年成立以来，采用我国秦岭地区丰富的野生橡树皮资源，极大缩减了我国软木产品与国际同行之间的差距，成功突破了软木地板生产工艺等技术性难题并取得了重大的成功，使我国国产软木地板的生产工艺达到了国际先进水平，完全可以与国外同类进口产品相媲美，产品已远销欧洲、北美、日本等国家或地区，已经成为中国名副其实的软木地板生产商和服务商，世界软木地板主要供货商。

“静林”软木地板的诞生在中国具有三个标志性的意义:

1. 结束了中国软木地板依赖国外进口的历史。

2. 标志着中国软木资源由粗加工向精细加工的转变，开启中国软木资源自主开发、自主利用的新篇章。

3. 标志着中国软木地板已经具备进军国际软木地板市场的能力。

带队专家：
刘铁军
带队专家：
梁建国
小组成员：
辛一秀
清华大学美术学院
小组成员：
王逍
清华大学美术学院
小组成员：
安乐
中央美术学院
组长：王征
清华大学美术学院
小组成员：
白甲浚（韩国）
清华大学美术学院

## 创作笔记

2007/8/30——9 / 2 *在西安静林林洋软木公司参观考察*

8月30日上午，我们到达西安，西安厂方热情地接待了我们。下午，我们便去到静林林洋软木公司的厂里参观。由厂长、主任还有接待我们的王师傅一起，带领我们参观了整个软木制品的制作过程。从原料到包装好的成品，每一个制作与检验过程，从软木使用的历史到现在中国软木市场现状。所有这些软木文化的内容，让我们对软木产品有了重新认识。

在制作车间里，我们亲眼见到软木原料如何被粉碎、重新压缩、切割、打磨以及检验。厂长亲自带领我们每个步骤参观并讲解，让我们了解了现在中国软木制作行业的各种工艺以及未来发展的良好前景。

在车间参观正好碰上一批出口到加拿大的软木地板，完全包装完整准备出口的地板让大家很是赞叹。

我们还去了厂里专门的软木制品展览厅和会议室。室内全部使用软木地板和墙板做装饰。所有人都惊讶于这些琳琅满目的软木制品，不停地拍照，并伴随由衷的赞叹声。材料多得

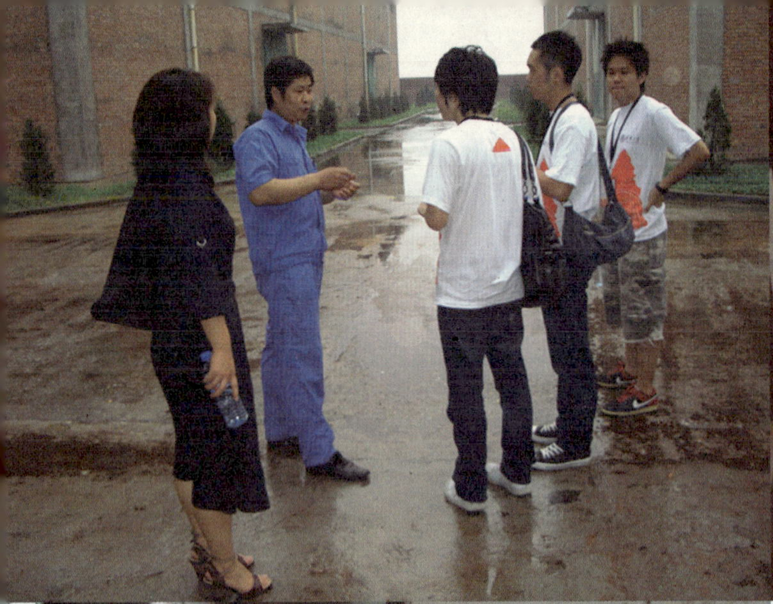

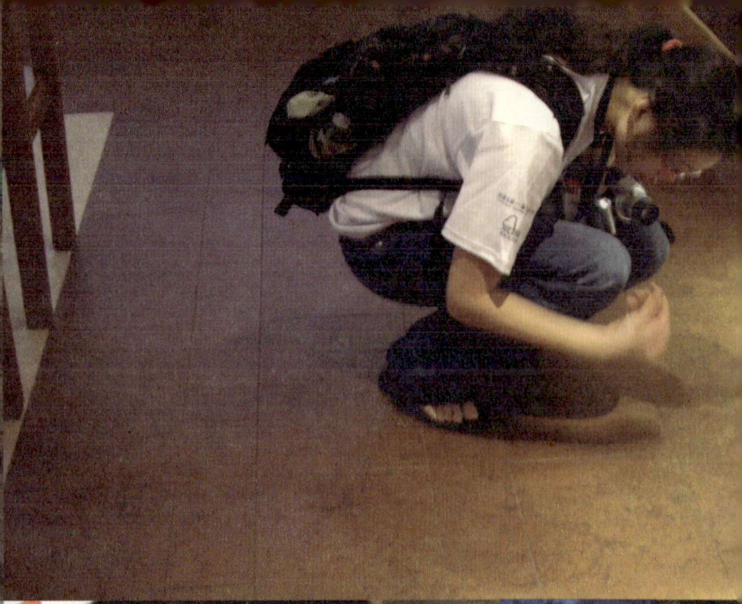

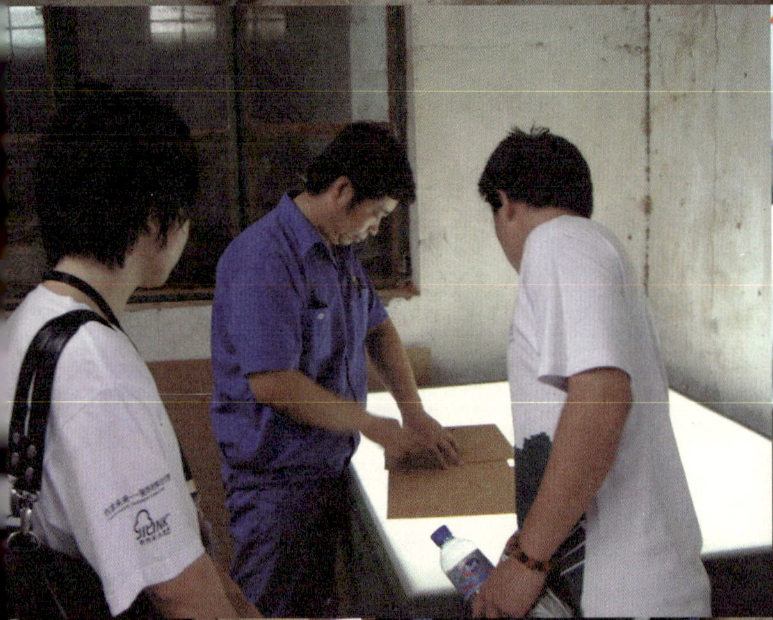

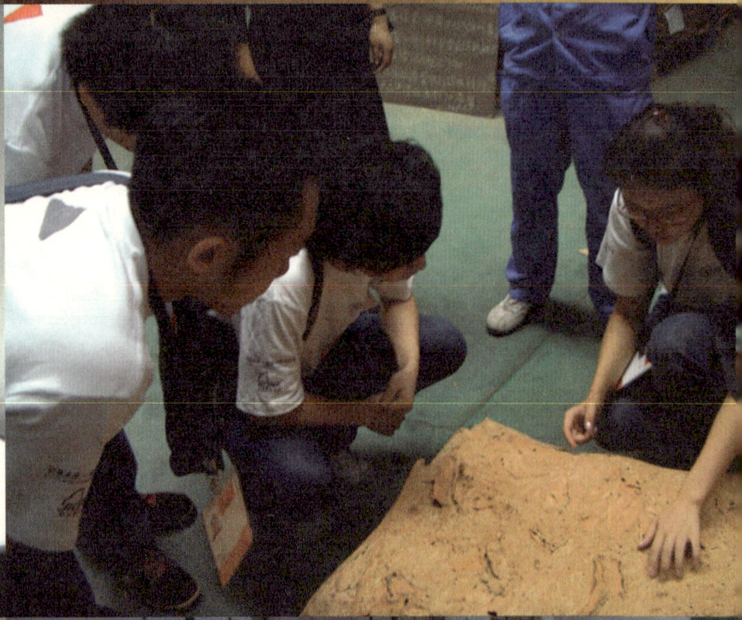

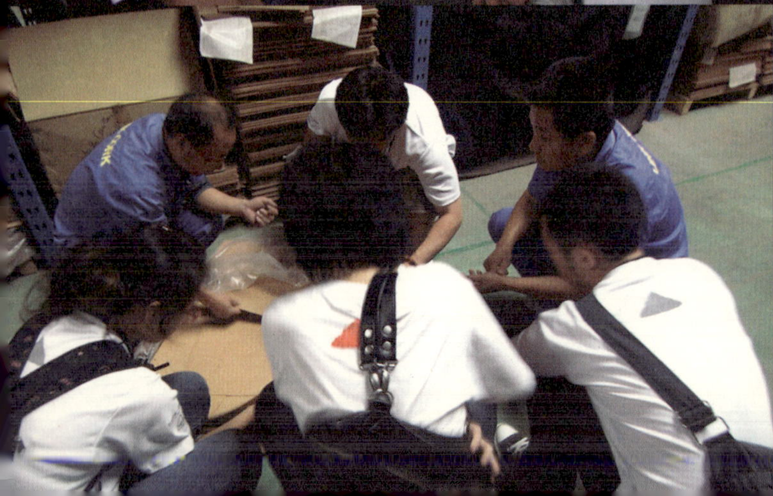

CLICKCORK

我们几乎不能全部看完，所有人的精力都集中在了手中的软木上。新奇、兴奋、感叹，也许最适合描述当时我们的心情。王师傅给我们介绍脚下软木地板的各种优点以及现在国内所能达到的工艺水平，这是我们第一次接触软木地板的成品，大家都仔细研究它的不同之处，并试图从工艺、从材料的角度思考我们的创意主题。希望能在对地面、墙面和所有使用软木的东西都逐一观察的过程中发现我们的设计点。

除了各种装饰材料，在这里我们还有幸见到了许多国内还不能够生产制作的软木制品。软木做成皮包帽子和雨伞，摸起来很像是皮革的质感。透过软木伞的灯光，朦胧温暖，还有木材特有的纹理和质感，表面没有任何涂层。这个让我们一度非常想用软木做灯或是与透光有关的东西。用软木做的本子，摸起来完全像皮革制的，但却有木制的纹理和气味。好不容易有这样的机会摸到这些精细的软木制品，大家兴致勃勃地全身武装起来。

这一天我们看了这么多从未了解到的软木特性，柔软、密度低、可压缩、有弹性、不透气、隔水、防潮、耐油、耐酸、减震、隔声、阻燃、绝缘、耐磨等一系列优良特性。这么多的特性集于一身，对于我进行设计创作有着至关重要的指导作用，也使我们有了充分发挥想像的空间。

第二天,我们来到工厂里的仓库中，看各种成品与半成品，选择适合我们设计和制作的材料。仓库里堆到顶棚的半成品材料对我们来说就像图书馆的书架一样，大家各自埋头寻找想法。仓库里每一种材料都清楚地表明了规格名称等，甚至连边角料都有注明。在仓库里挑选材料时，大家经常拿着软木仔细掟摸，好像恨不得用眼睛把软木吃下去。厂长和主任都非常热心，不断给我们拿出各种材料，有求必应，有问必答。仔细地给我们记录。在工厂的仓库里大家席地而坐，讨论各自的新想法，从想法来源到表现形式，任何有新意的想法大家都提出来，互相启发、修正。最后我们确定了以软木最特有的柔软和创意未来的未来元素作为设计的出发点。

之后要做得就是挑选适合的材料。挑定每一种材料，包括可能会使用的量，以及型号，有的材料甚至可以专门给我们裁切。不过考虑制作时间及成本，我们最后还是挑选了些现有的。看材料时，我们惊奇的在一块软木板上找到一个刚好和我们小组符号相同的三角形，而且也是一个箭头，和我们的小组标志也相同。

## 2007/9/3——9 / 14 *概念构思与创作实践*

9月3日一早回到学校，各小组开始确定各自的设计主题。每人根据这几天的考察和实践画出若干草图方案，一起讨论、改进，老师也参与到其中给我们不少思路的规整和启发。广州集美组的梁建国老师，从我们最初的思维方向开始慢慢给我们理顺思路，使我们最后茅塞顿开，最终确定了设计点和方案。这一系列思维的过程是这次我们创作中思维上收获最大的一次。最后我们选择了这个以"生命"为主题的方案。

制作过程中，第一步确定尺寸及结构。这次北京静林软木公司的王璐师傅亲自来给我们指导了多次，从如何能实现设计的构造形状，到如何挑选和加工各种常用材料，给了我们很多实实在在而又带着创新想法的建议，对我们帮助非常大。

第二步，购买所有材料，从钢筋、龙骨、电线，到气钉枪、灯口、乳胶漆，从未亲临施工

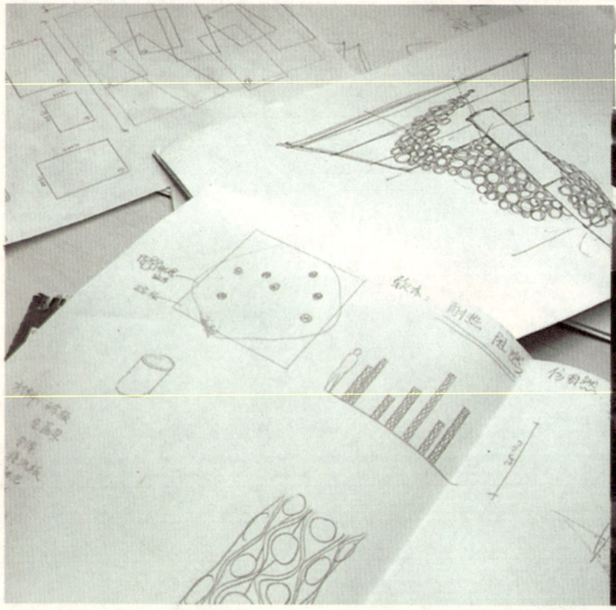

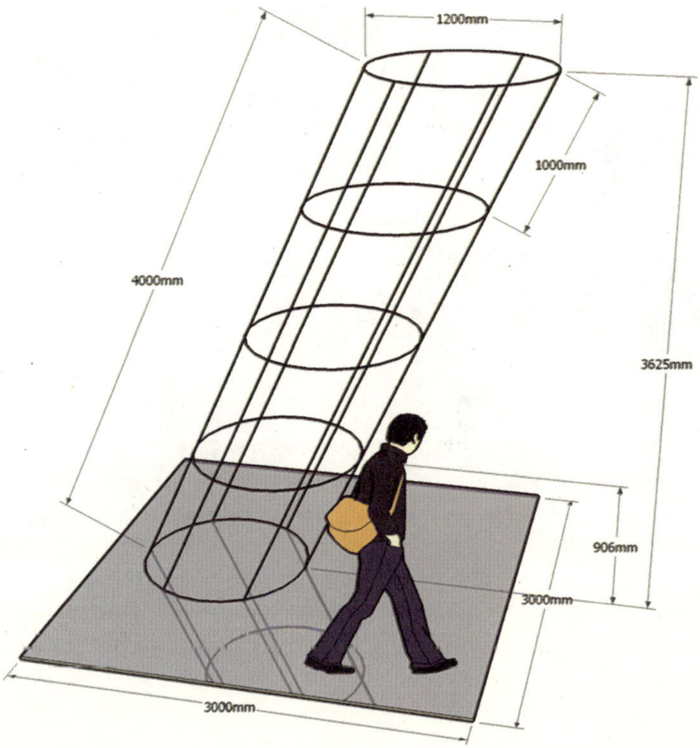


过的我们刚开始虽然不断碰壁，吃了不少亏，但是在不断的实践中，我们学会了越来越多的实际操作知识，这该算是我们在创作营中的大收获之一了。

第三步，制作骨架。连夜的赶制底板和骨架，我们的大“树木”骨架在第三天成功稳固地立了起来。当然期间不断的失败需要我们不断地修改。

第四步，钉木龙骨。完全我们自己动手来固定。大家都锻炼了使用各种工具，钉、钳、锤、电钻、钉枪。制作中也不忘娱乐，用这个酷似笼子的骨架不断搞笑，引得创作营的工作室里笑声不断，辛苦并快乐着。

第五步，制作软木片。将我们选的软木半成品裁切并粘接成我们需要的形状。我们选的这种材料是制作软木地板时的中间层，是均匀打碎压制后切成的软木片，也可以打磨平作饰面材料，这种花纹叫做“罗马”，是畅销的几种软木地板花色之一。我们将原来长900毫米宽600毫米的标准板裁切粘接成大约200毫米宽，4米左右长的波浪形软木片，最后拼接成网，与圆球组合。

第六步，固定软木片。我们使用20毫米深的U形钉把软木片固定在木龙骨上，做出水纹波浪样的网状。成品雏形逐渐显现。

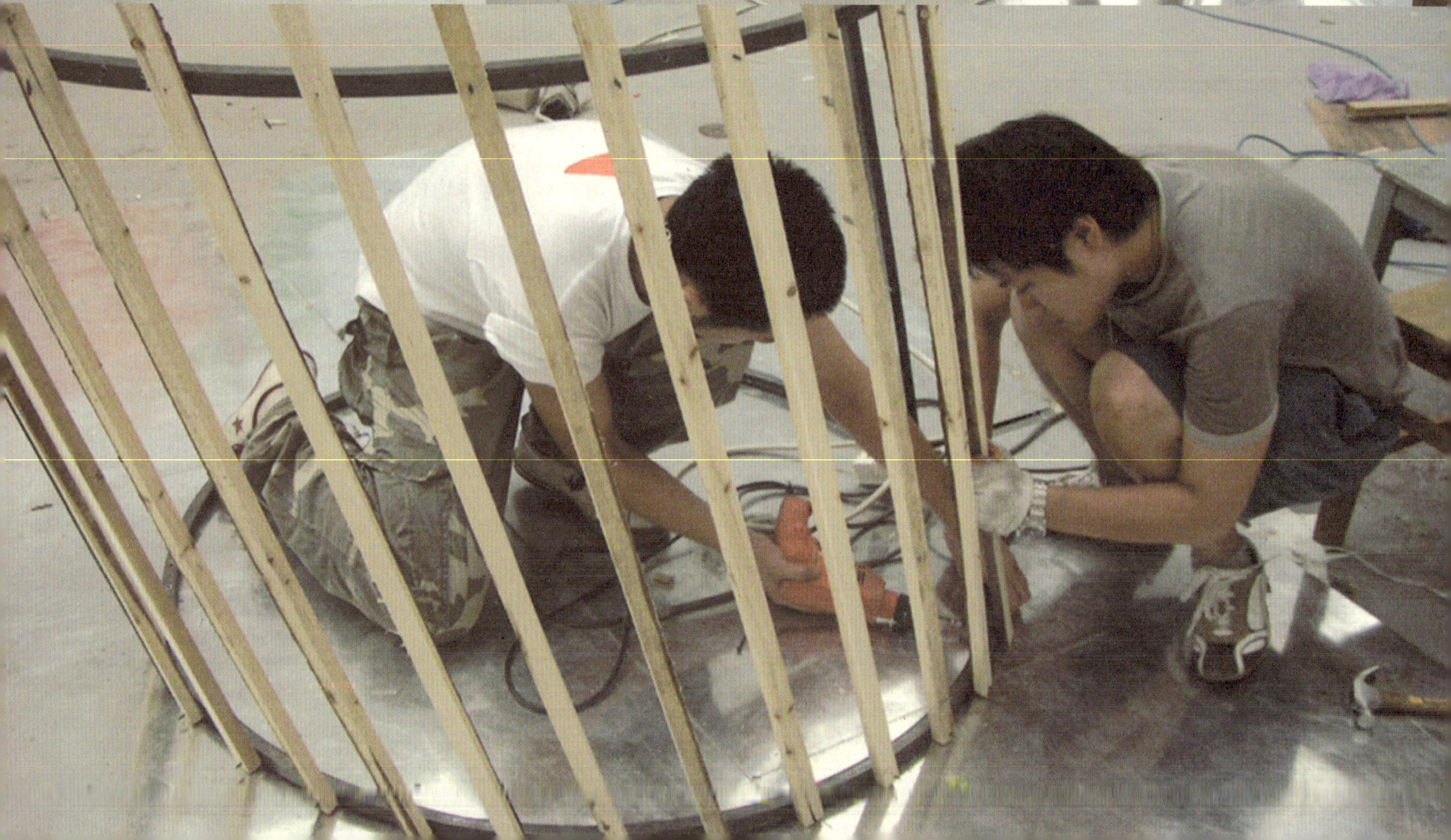

Danger
Don't feed

禁止投食

ball toyz™

Cal Bears

第七步，喷涂和添加塑料球。由于承重和预算的限制，我们最后选择了这种轻质的塑料球喷涂成银色和白色。

第八步，连接电灯。这也许是我们出错最多的步骤了，因为我们是第一次自己连接电路，一开始问题百出，不断地检查、修整、更换材料之后，终于，所有的灯如我们所愿的亮起来了。

最后一步，整理现场。将最后走电线的出入口用软木条封住，北京静林软木公司的霍总经理还亲自给我们带了些装饰面板用来装饰现场。调试好各个灯光，就只等待展览开幕了。

创作期间，不论是在西安接待我们的厂长和师傅们、北京方面指导我们的工程指导和经理，还是学校的各位老师，都给了我们非常多的指导，使我们学到很多。可能这个设计的确在创意和实施上还有欠缺，但这个创作营的整个创作、实施和沟通过程是让我们都收获良多的，是以前未能接触和学习到的。比如短时间内的思路整理和设计的方法，不断地自我否定和修整的过程，亲自实践制作的过程，与老师、营员、厂方等等多方关系的沟通，接触社会事物，前期准备和后期制作等等这些，都是在校期间很少能学习到的。我想这是我们在创作营中真正重要的收获。我们还会学习更多实践更多的，脚印是一步一步的。

## 作品概述

柔软、轻质、防水、耐热、环保等，是软木的突出特点。软木由橡树皮制成，我们让软木变为“树皮”，软木的树突出我们回归自然的想法，同时也适合软木环保的一大特点。

在实践过程中，在我们脑海里未来的东西应该是灵动的、自然的、变幻的，也是富有生命力的。于是，软木的柔软带来的可变化的曲线造型成为我们作品的主体。由耐热，我们想到了光；由灵动，我们想到了圆球，闪亮的灯光和圆球也恰好适合其中；由水，我们联想到了波纹。

软木的生命由此又重新展开：自然、灵动、柔软、变幻，最后回归自然。

# 论木材的生命力特质

刘铁军

木，冒也。冒地而生。东方之行，从草，下象其根。自《说文解字》。

木材是我们人类居住的这个地球上分布广泛的一种物质，木材是一种宝贵的可再生自然资源，是人类赖以生存的物质条件；同时，木材也是一种载体，可以构成十分丰富的文化资源，影响人们的思想和行为。木材作为一种自然资源，自身并不能生成文化，只有当木材与人类的生产生活发生关系，有了对木材的认识，才会产生文化。

木材与其他物质材料相比本身就具备生命力，木材来源于树木，而树木是有生命的活体，由树冠、树干、树根组成，树干是树木的主体，占立木总材积的50%～90%，是木材的主要来源。树干由树皮、形成层、木质部和髓组成，木材就是取之木质部。树木有生长周期，从树干横截面的木质部上可看到环绕髓心的年轮。每一年轮一般由两部分组成：色浅的部分称早材，是在季节早期所生长，细胞较大，材质较疏；色深的部分称晚材，是在季节晚期所生长，细胞较小，材质较密。有些木材，在树干的中部，颜色较深，称心材，心材是由边材逐渐转化形成，形成时间3年至30年以上；在边部，颜色较浅，有生活细胞和储藏物质的木材部分，称边材。有的木材心、边材有明显区别，有的则没有区别。此外，木材是由许多细胞组成的植物体，内部含水分，在干燥和潮湿的环境中会产生干缩和湿涨的现象，正是由于树木的这些生理特点，密度、干湿不均的木材自身就会产生内应力，从而导致木材具有弹性和张力，同时也导致木材的开裂、变形、翘曲。也正是由于木材的这种特性，上千年来，历代的中国的工匠们总结出了完整的建造木建筑和木家具的技术和方法。

*1.木材的构造体现生命力*

木材作为中国古建筑的主体材料，其木作构造技术经历了上千年的发展和变化，这种发展变化的本身就带有强大的生命力，并带动了中国周边国家的木建筑文化的发展，像日本和韩国的木建筑，与中国的木建筑都有着一脉相承的连带关系，同时也带动了中国木家具构造技术的发展和变化。梁思成在阐述中国建筑特征时写道："中国始终保持木材为主要建筑材料，故其形式为木造结构之直接表现。在结构方面之努力，则尽木材应用之能事，以臻实际之需要，而同时完成其本身完美之形体。"

木材构造发展示意图：

*夏·商·春秋战国·秦·两汉·魏·晋·南北朝·隋·唐·　五代·宋·辽·金·　　元·明·清*

*大木作形成期　→　大木作发展期　→大木作成熟期　→　小木作成熟期　→　细木作成熟期*

宋代《营造法式》中把建筑的木构造分为大木作制度和小木作制度，大木作也就是建筑木构架的方法，柱、梁、枋、额、斗栱、椽、檩相互交错，相互咬合，建构出木建筑的总体框架。因此，木建筑发展中的核心问题就是框架结构的演变，包括梁、柱、枋、斗栱等构件的比例和组织方式的演变，经过长期的发展，中国木建筑艺术于隋唐首先在房屋梁架中趋于成熟，它是建筑中最基本、最主要的框架结构形式。随着“大木作”结构能力的提高，也就出现了唐代大明宫含元殿、麟德殿等气势宏伟的建筑。结构艺术的成熟使人们找到了大木作构件之间最符合功能和力学要求的木构造技术。

小木作指的是木建筑门、窗、隔扇、藻井的构造方法，《营造法式》中严格地规定了各个木构件的比例、尺寸及做法，构造技术高度标准化、集成化，可见宋代时期的小木作构造技术日臻成熟。正是由于小木作建筑构造技术的成熟从而推动了家具细木作构造技术的发展，因此，木家具在两宋时期得到迅速发展，至明代完全成熟，可以说，家具的成熟正是木结构技术完善并走向衰败过程中的一环。因为家具结构是一个比“小木作”更小的结构体系，所以虽从汉末就已有高足家具的传入，但在木结构艺术尚集中在“大木作”的时候，家具绝不可能有大的发展，家具的发展只能在“小木作”成熟之后，而它的成熟已是“小木作”开始走向衰落的明代。正因为明式家具是凝集了“大木作”和“小木作”的成果，所以它才能表现出精妙的结构艺术。

在明式家具的木构造技术中，有许多地方都考虑到了木材的干缩湿涨的特性。我们经常提到攒边打槽装板，这种做法在家具中被广泛使用，如凳椅面、桌案面、柜门柜帮，做法的特点是将板心装纳在四根边框之中，木板因气候的变化，会产生缩胀，尤其是横向的缩胀最为明显，木板装入边框时，并不完全挤紧，尤其是在冬季制造家具时，更要为木板的膨胀留有余地，一般板心只有一个纵边使用鳔胶，有时四边都不使用，装板的木框攒成后，边框直接与家具其他部位连接，伸缩性不大，而板心不起连接作用，这样整个家具的构造不会因为板心的缩胀而影响其稳定坚实。

*2.木材的质感体现生命力*

质感是人们在视觉或触觉等方面对不同的物质材料表面状态的感觉，木材的质感主要表现在其天然的纹理，温和的色泽等方面。

木材的纹理指轴向木材细胞排列的一般方向，有直纹理和斜纹理，直纹理指木纹理方向与树杆的长轴方向平行；斜纹理指木纹理方向与树杆的长轴方向不平行，呈一定的角度。不同的木材切割方法会产生不同的纹理效果，此外，不同的树种纹理各不相同；一个树木上，因部位的不同，纹理也会有变化，一般靠根部的树干纹理密实，纹理线条变化大，靠中断部分的树干纹理顺直；树干的心材纹理密实，边材纹理疏松。木色的形成与木材的化学成分和内含物有关，木材大多数偏暖色，黄或黄褐色、白或黄白、红或红褐、栗或栗褐、黑色、紫色等，并伴有深浅不同的条纹，此外，木色的差异还与树龄、立地条件、采伐时间、干燥和加工条件、菌类感染等有关，即使一根木头，它的横切面、径切面、旋切面的材色也有差异，纹理和木色是木材识别的主要特征之一。

中国明式家具不论柴木家具还是硬木家具，都非常注重木材纹理色泽的表现。明、清时期，江南一带人们称硬木为“文木”，主要体现在硬木的质感方面，有的纹理疏密得当，就好似一幅山水画。家具面板、箱板或椅背板处经常选择木材纹理上好的材料，在黄花梨家具中称为“鬼脸纹”，在成对的家具中，这种带有“鬼脸纹”的木材也是对称出现的。还有瘿木的运用，所谓瘿木就是硬木在生长过程中，细胞组织发生病变，形成树瘤，产生其变幻莫测的纹理，与家具主材形成对比。

此外，硬木的材质密度要比普通柴木的密度大，例如：紫檀的密度就大于水的密度，家具在制作过程中，木材表面经过无数次的打磨、抛光之后，触感良好，有人比作就像触及孩子的皮肤——光滑、润泽。“明四家”之一文徵名的弟子周公瑕，在他使用的一把紫檀木扶手椅的靠背上，刻下了一首五言绝句：“无事此静坐,一日如两日,若活七十年,便是百四十。”一方面可以看到，文人在日常实用家具中倾注的精神期待，闲情逸致的文人的生活，另一方面就是体现了紫檀家具的良好触感。

木材在长期使用的过程中会风化，变色，这种变化是一个渐变的过程，要经过几十年或上百年，就像人的成长，具有强大的生命力。一般来讲，木建筑长期暴露在阳光下，阳光的紫外线和可见光是引发木材变色的主要原因，经过长期的日晒、风吹雨林，木质会变浅、风化，木材表面沟沟壑壑，像迟暮的老人皮肤。木家具在长期使用过程中，因为和人体密切接触，人体的汗渍、油腻会渐渐渗入到木材中，并在其表面形成一层油性膜质物，行话称为包浆。木材表面包浆的形成同样需要几十年或上百年的过程，这层包浆起到天然保护膜的作用，也是鉴别木家具年份的手段之一。

综上所述，可以说木材自身的结构特点和自然、生命力的属性，成就了东方古典木建筑、木家具艺术的辉煌，人们运用木材创造自己家园的同时，也深深体会到了木材的生命力特质。它既是古老的材料也是现代化的材料，现在人们运用技术手段使木材越来越多地呈现出不同以往的性能和特征，在全球生态资源日渐短缺的今天，对于木材的研究和开发更具深远意义。

注释：

1. 梁思成．中国建筑史．北京：百花文艺出版社，1998.
2. 王世襄．明式家具珍赏．1985.
3. 杨家驹，卢鸿俊．红木家具及实木地板．北京：中国建筑工业出版社，2004.

# 肌理造型小组

《表象》

## 前期调研

*GRG的知识*

GRG的优势和特点首先是GRG的不变形。由于它的主材石膏对玻璃纤维无任何腐蚀作用，加之其干湿收缩率小于0.01%，因此能够确保产品性能稳定、经久耐用、不龟裂、不变形、使用寿命长；第二个优势就是它的质量轻。GRG产品平面部的标准厚度为3.2至8.8毫米(特殊要求可以加厚)，每平方米重量仅4.9至9.8千克，能减轻主体建筑重量及构件负载；第三个是强度高。实验表明GRG产品断裂荷载大于1200牛顿，超过国际JC/T799-1988(1996)装饰石膏板断裂荷载118牛顿的10倍。GRG最突出的特点就是它是一种会呼吸的材料。GRG板是一种存在大量微孔结构的板材，在自然环境中多孔体可以吸收或释放出水分。当室内温度高、湿度小的时候，板材逐渐释放出微孔中的水分；当室内温度低、湿度大的时候它就会吸收室内相对湿度的作用，给工作和居住环境创造一个舒适的小气候。

GRG的声学效果也很好，检测表明：4毫米厚的GRG材料，透过损失500赫兹、23分贝、100赫兹 、27分贝；气干比重1.75，符合专业声学反射要求。经过良好的造型设计，可构成良好的吸声结构，达到隔声、吸音的作用。而且GRG加工的周期非常之短，GRG产品脱膜时间仅需30分钟，干燥时间仅需4个小时。

GRG还有防火、环保、施工便捷等特点。最值得称赞的是GRG材质表面光洁，细腻，白度达到85%以上，并且可以和各种涂料及面饰材料良好地粘结，形成极佳的装饰效果。

## 关于 YiHe 义和建材

上海盈创装饰设计有限公司是一家专业从事建筑装饰材料生产、房屋装潢设计系列化经营的企业，同时，也是我国第一家且最大的一家GRG产品的生产制造、配套安装企业，具有设计乙级、施工甲级资质。GRG产品是本公司经过四年艰苦研发，于2001年在国内首家研制成功并逐步完善了配套生产和安装系统的主打产品，2003年开始替代国外GRG产品，结束了我国GRG产品长期依赖进口的局面。几年来，上海盈创先后成功完成了国家大剧院、中国京剧院、上海东方艺术中心、广州白云国际会议中心、内蒙大剧院、武汉琴台大剧院等数十个大型公共建筑项目的制造和安装，形成了一整套成熟的GRG技术和标准，获得了工程的设计方、建设方和广大民众的一致好评。

带队专家：
杨宇
活动艺术总监：
杨冬江
带队专家：
王琼
小组成员：
董安康
清华大学美术学院
小组成员：
孙美全
清华大学美术学院
小组成员：
杨子涵
清华大学美术学院
组长：
宋宁宁
清华大学美术学院
小组成员：
范程成
中国美术学院
小组成员：
张洋洋
中央美术学院

## 创作笔记

此次我们肌理小组的整个活动流程从准备阶段到实施阶段都进行了较为细致周密的安排，总的来看，达到预期设想效果，大家也收获颇丰，可以说是获得了圆满成功。

对材料进行研究甚至创新对我们来说还是比较陌生的，为更好的熟悉、了解GRG这种新型建筑材料，我们在出发去上海之前就对其进行了调研。同时，杨宇老师建议我们充分考虑展厅的现有状况，从空间角度进行整体酝酿，所以我们带着诸多问题参加了上海之行。

带着一些疑问和前期的准备工作我们于8月30号来到了上海。上海的行程我们组一直处于安排得极其紧凑的状态，参观了很多厂家并进行了交流。首先去的是上海义和建材，在这个厂子里使我们了解了一种新型的材料——GRG。

GRG（Glass Fiber Reinforced Gypsum）产品是一种以优等天然改良石膏为辅料，添加石膏专用增强玻璃纤维和环保微量添加剂，制成的预铸式新型装饰材料。此种材料可制成各种平面板、各种功能产品及各种艺术造型，是目前国际上建筑材料界最流行的更新换代产品。对于这种新型材料，同学们都亲自上手摸了摸，真的是非常光滑洁白。

在参观义和建材GRG厂的时候，我们感受到了厂商的极大热忱，无论是及时的车辆接送安排，热情的款待还是详尽的材料介绍以及积极的组织配合都令我们感动异常。王琼老师当机立断，就让我们在义和建材的会议室里讨论起方案来，那个下午大家讨论的气氛非常好，思维活跃，方案被写在了会议室玻璃上、黑板上，就连马总也兴奋的加入了讨论。最后，王琼老师帮我们进行了图形归纳总结，将大家有联系的思想闪光点结合到一起，启发我们对整体概念有一个宏观把握，这种工作方法，至今回想起来都觉得很好。在义和建材的会议室里，大家还依据现场情况作了好多模型。

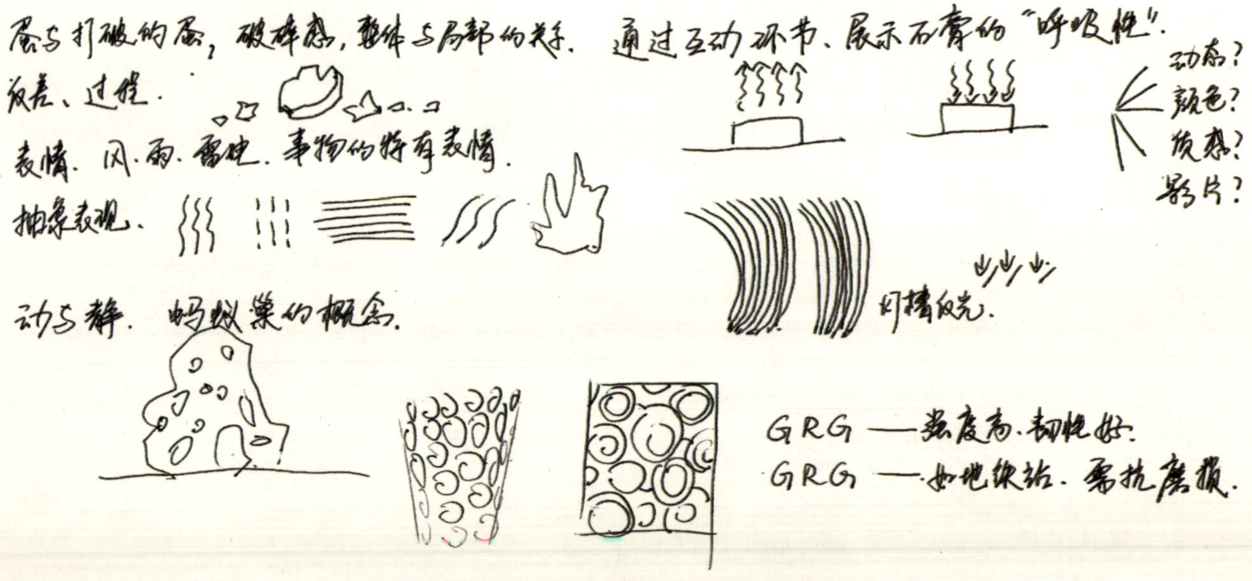

在上海考察期间，我们还去了一些世界上都著名的洁具公司，如杜拉维特、汉斯格雅等。我们第一次近距离地了解洁具，看见了我们生活当中不可能看到的一些结构和技术，让我们大开眼界。

此外,带队老师还带领我们去了莹辉照明公司，我们第一次来到了照明的天堂，了解了许多照明方面的知识，看到了同样的空间，配备了不同的灯光，会产生不同的效果。同学们对一些“神奇”的灯光产生了好奇，不禁亲手触摸感受。

借此考察的机会，我们同学还利用宝贵的时间参观了上海一些著名的艺术区及孙中山故居等。

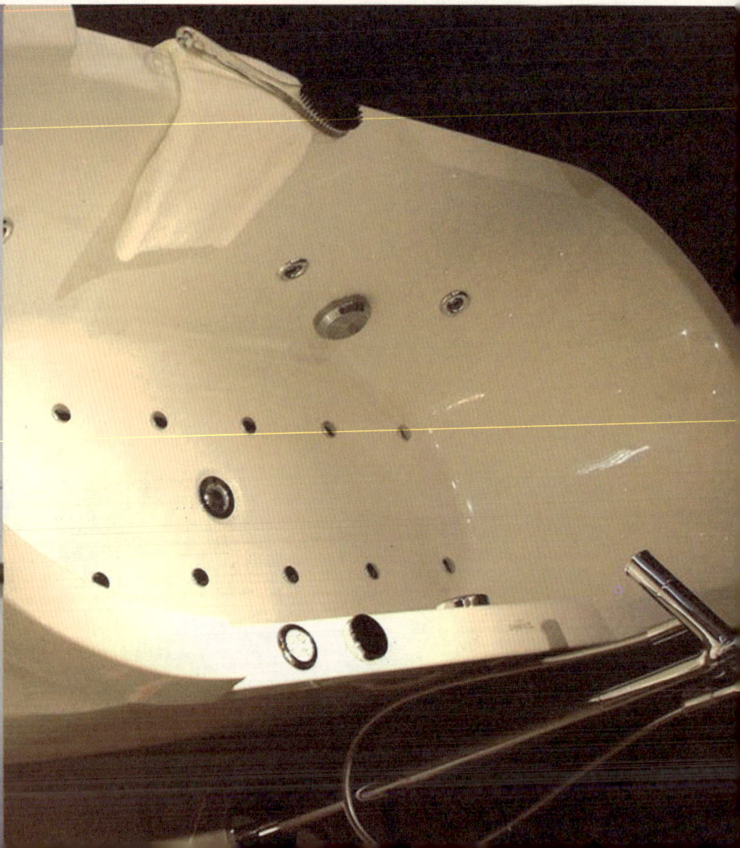

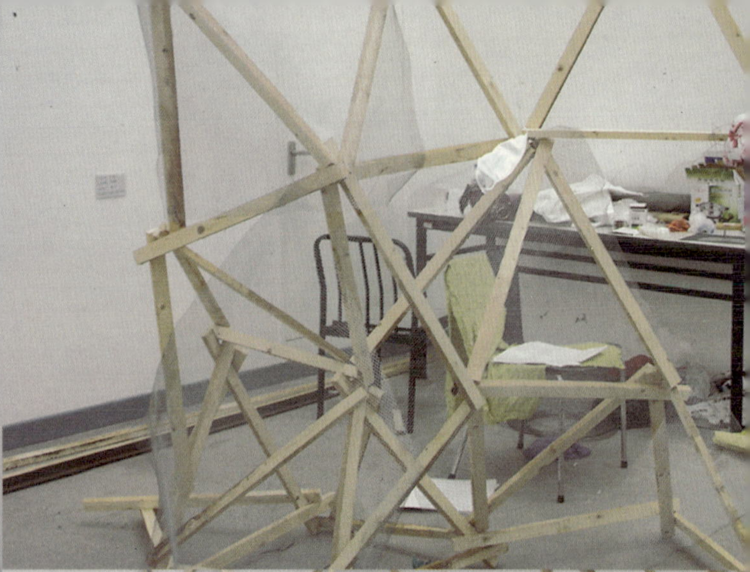

上海之行使我们对材料进行深入思考，对展览形式进行整体定位，回北京后由于现实条件制约，否定了厂商定制的有利条件，但我们也找到了一条自力更生的新路——纯手工制作，表现石膏非常态的样子。大家在杨宇老师的启发帮助下做方案。之前我们还运用了少量的材料进行了一些探索性的小实验，令我们很吃惊的是，材料果然是丰富多彩的，经过不同的处理，会产生令人意想不到的效果。

这次我们的作品主要基于对石膏自重与塑性、强度的思考，我们尝试了先用木条搭龙骨，其在空间纵横交错，连接地面到跑马廊的部分，用铁丝网铺出圆滑的异形空间，再用宣纸或布条蘸取石膏缠绕在丝网上，形成比较稳定的有机形态，最后用与颜料不均匀调和的石膏自然灌浇在上面，形成类似树挂的下垂形态。

在结构底部我们使用体量大一些的掺了透明或反光材质的自制石膏板支撑，线形可以在镜面中被反射、延伸，丰富空间的层次。尤其到中后期，进行到形态的调整阶段，每个人都必须强化自己的空间想像力，充分挖掘形态本身的“生长、繁衍”的趋势与感觉，把握整体张力与细部丰富的平衡关系，这对没有多少实战经验的我们来说还是比较有难度的。杨宇老师总是会在我们最困惑的时候给我们看一些图片，对我们进行启发。铁丝网铺得过密的时候，“通透”与“疏密”成了我们的课题，尽管被铁丝网刮伤很多处，我们还是对其进行了大规模删减调整，直到大家都看着舒服一些。铺石膏的时候，很高兴地迎来了王琼老师和杨宇老师到现场进行指导，提出的“节点”重点刻画，与整体关系的疏密虚实把握的意见，也使我们更加清醒地进行施工与收尾，总之是受益良多。

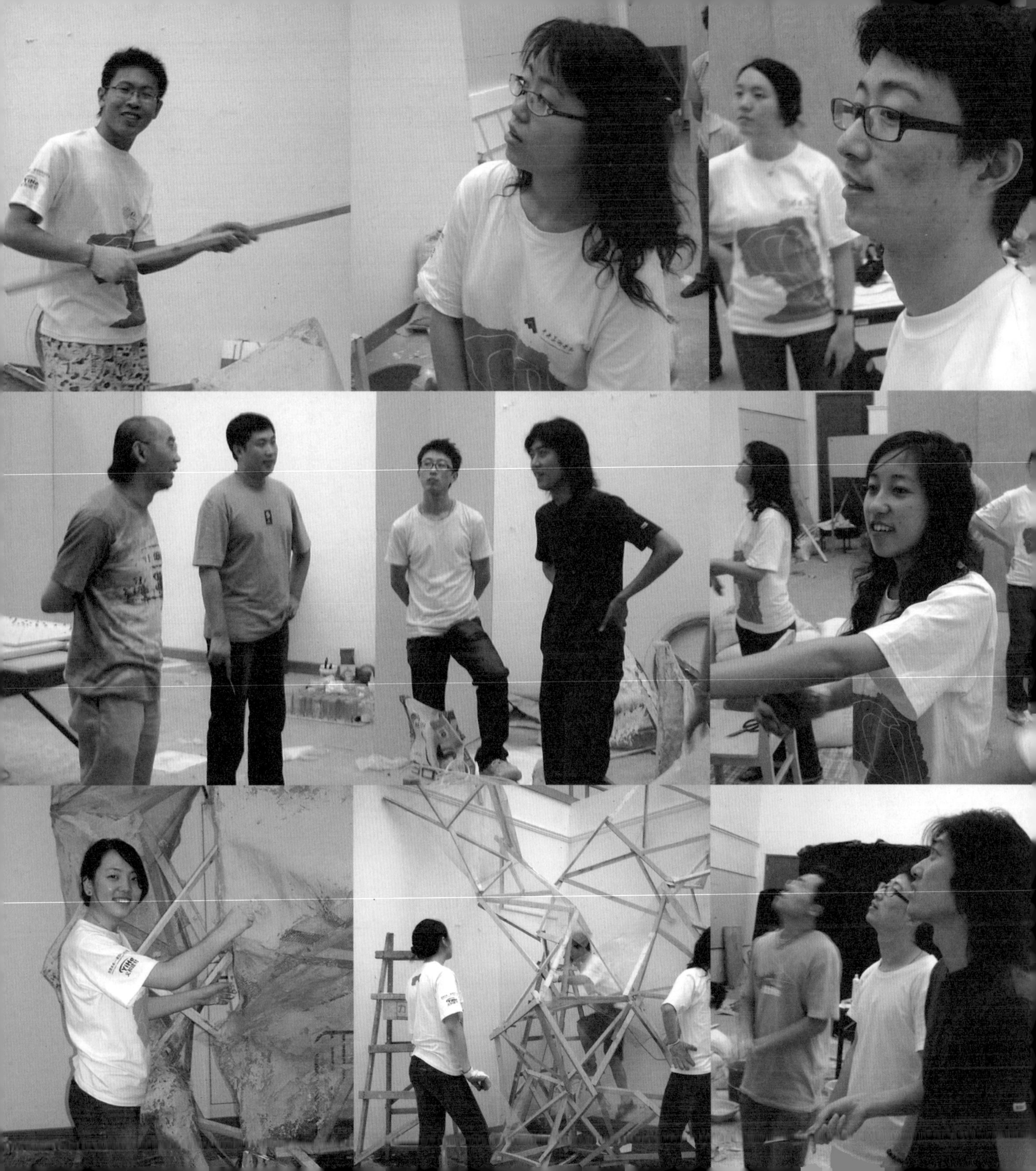

材料创作营活动，主办方的良苦用心，意义到底在哪，在行前并没有真正意识到，直到经历了上海之行以后才慢慢感受到材料研究的价值，才体会这次活动对于学生动手参与施工经历的意义和长远影响，也为能参加这样的活动感到由衷的自豪。

活动过程中，讲价买材料，切割装钉，搭架子铺铁丝网，做材料的各种试验，无不渗透着我们每一个人的辛勤汗水。但是这种心往一起想，劲往一处使的合作感觉，让我们虽然辛劳心里却无比的舒畅。可以说，我们组的工作是稳扎稳打，步步为营走到最后，也是与老师、厂商的支持帮助分不开的，我们衷心地感谢他们。

## 作品概述

大部分设计师在计算机结构程序设计全面应用的今天，对计算机以及各种规范、设计手册都过于依赖，导致那些孤立的概念被逐渐忘却，也谈不上设计的探索创新。相反，作为在校学生，经过学校几年的设计思维训练，一直都有着概念设计的意识，却缺少与实际操作相结合的实践经验，所以这次材料创作营的活动我们旨在用整体的概念来完成总体方案的设计，并有意识地处理构件与结构、结构与结构的关系，表现材料的非常态效果。

1. 信息时代的庞大生物

在网络世界里，你只知道你在哪里，却永远不可能知道其他人都在哪里，只知道这一秒有什么，却不可能知道下一秒会出现什么，网络是无限可延展的，侵袭肆虐在我们的工作、生活的一切空间里。我们被笼罩在这错综复杂的组织体系中，试图寻找属于自己的那一条线索。

2. 协同工作的结构体

在造型上，木龙骨在不同维度的复杂搭接属于结构层，既经济,又降低自重。粗铁丝网的抗拉与抗压强度使它足以担当围合微小起伏的曲面的基层，结构轻盈而多变。细铁丝网附着在粗网质上用来连接石膏，使脆性特征变为可延展性。底层石膏犹如筋骨之上的皮肉，通过厚薄变化突出结构的交接与转折趋势。表层混合颜色的石膏如表皮般清晰细腻，让人感

受到清泉般流淌的自然畅快。这也是石膏材料用工业制造法无法比拟的纯手工制造效果。

3. 透明、半透明与不透明

照明方面，我们主要运用自内向外的透光方式，石膏漏过铁丝网形成的斑驳肌理经过灯光的投射更为凸显，光斑的疏密层次也在整体结构中增加了感人的细微体验。外部则辅以补光，加强结构本身的转折效果。

在今后的实际工作中，我们也将面临怎样处理结构、基层与表层关系的问题，通过这次训练，也促进了我们今后对待设计常进行深刻反思，对每一项设计都精益求精的态度，将材料创新进行到底，将理论实际结合进行到底。

## 建造与创造——造型与肌理研究

杨宇

我们正在进入一个以多媒体为主导的时代。数码革命对影像的突破使我们正面对一个我们的前辈们所无法想像的世界。正如伯纳德·屈米(Bernard Tschumi)所说：“永恒的外观(建筑物是固体，由钢筋、混凝土和砖块等建成)正越来越受到无形而抽象的体系(电视和电子虚拟图像)的冲击。”学校里越来越多的学生正沉醉于由数字影像所产生的光怪陆离的世界，而渐渐忽视了真实世界中人的视觉和肉体对物质的真实体验。长期以来，学院的审美教育使学生们习惯于将美学作为用以衡量设计作品的最终标准，在材料创作中容易陷入形式的误区。然而，作为一名专业设计师应当明白，建筑空间是由艺术与技术的结合所构建的。每次设计的变革都是由于技术对艺术的渗透，从而导致了艺术的变化。材料在设计中，从来都不是孤立存在的，而是建立在合理的结构体系上，通过艺术创作，以科学的施工工艺，使之更符合审美与功能需求。材料营这一活动正是给学生在实践的平台上提供了一个了解材料的机会。它使学生们在创作的实践过程中，通过对不同材料的触摸、分解、重组的制作的过程去理解在生产技术与制造方法的影响下，材料的物理性能和表层肌理特征，了解设计所应做出的对材料的表达。此次材料营作为一个从材料出发的创作活动，我希望它并不仅仅从单一的材料本身出发，成为一个材料展示表演，而是应当和空间形态与技术相结合，通过材料从技术的角度来探讨形体的变化规律。

*惟一性*

我们小组的研究课题是造型与肌理，主要原材料是GRG。一种可塑性非常强的预铸式混合玻璃纤维加强型石膏，可以做出各种复杂的多维曲线造型。在创作工作开始之前，同学们就确定了“惟一性”是作为材料创作的主导思想。所谓的惟一性是指：一方面，作品最终的形式应当能够反映材料的特点、性能。另一方面，所采用的材料是能够实现最终形式的惟一手段。材料作为实现空间的美学形式和坚固，耐久的基础，要做到创作的“惟一性’，就必然要了解材料的化学成分、物理特性、相应的施工技术与结构体系，以及不同的加工工艺所展现的不同的视觉效果。因此,学生们在工厂对相关的GRG的生产流程、配料原理、应用范围等进行了详细的调研，对于材料的可塑性和相关的设计案例有了感性的认识。鉴于材料运输和现场制作工艺等客观因素，在最后实际操作的环节，学生们所用的材料是和GRE的特性相似的石膏。石膏作为GRG的替代品，它的可塑性作为表现造型和肌理的材质无疑是非常实用和有效的。而从“惟一性”的原则出发，展现材料最本质的特征，并且从造型的结构体系与建造技术入手，来研究材料与形体结构的关系才是创作的目的。

*构架(龙骨)，基层(辅料)，面层(完成面)*

在确定造型方案的过程中，小组面临着几个制约条件：

1. 强度——原定采用的高强度的GRG由于客观原因,无法在现场制作。而普通石膏的脆性使其难以独立完成的复杂形体。

2. 重量——展厅空间的尺度决定了最终成果的体量不会很小，大尺度的形体塑造需要大量的石膏粉，其所带来的工作强度是学生们在几天内所无法承受并完成的。

3. 经验——在初期讨论的过程中我发现小组里的大多数同学竟然从未有过亲手翻制石膏的经验，并且短时间内难以通过翻制模具等复杂的工艺手段塑造形体。

于是，同学们从造型的结构与施工做法的角度，对形体进行了分析，认为既然石膏兑水后的干湿变化是它区别与其他材料的最基本的特性，那么，利用材料的特点确定一个科学、合理的构造体系和建造方式才是成功完成创作的基础，而具象的造型形式反而不应在时初期成为最重要的因素。

在室内结构与做法中，所有的造型结构都是由构架(龙骨)，基层(辅料)，面层(完成面)所构成的。根据这一原则，大家最终确定的建造过程是先建立合理的结构支撑体系——骨架，找到一种能有效的连接骨架和面层的材料——基层，利用石膏在刚兑水后到凝固前，作为液态时的不确定性和依附性，将其附着于基层材料上——表层，最终形成完整造型。这样，不但可以有效的减少石膏作业量，同时也可以使学生们对石膏的干湿变化特点有很好的认识。更重要的是从内部结构出发将创作当作对结构和材料的研究过程。

*移动的城堡 结构的建立*

现场勘查是在创作之前非常重要的一步工作。因为材料的运用从本质上来说，它应当是由设计理念的主导而产生的与空间形态相关的系统工作。对材料的使用不能仅仅是展现材料自身特点，而是一种把视觉艺术通过技术手段运用到空间环境中去，使人与空间环境更加易于互动的行为。开阔的空间尺度是展厅的优势，楼梯与夹层相互围合形成了二次空间结构。如何让最终的作品在大空间下具有视觉冲击力，并能够和夹层的结构环境有效的融

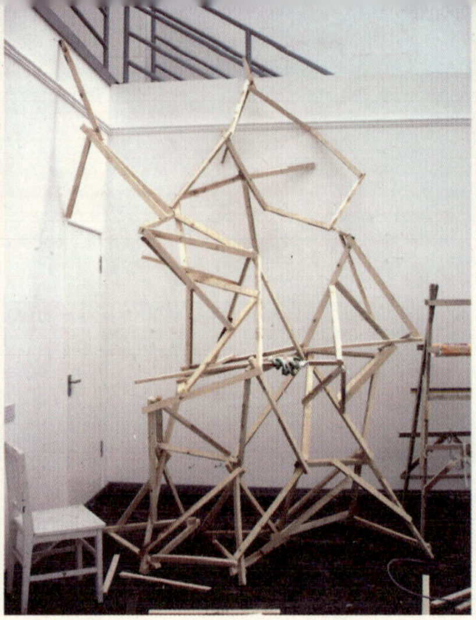

合，成为骨架设计的出发点。

每一种材料都需要有与其相配套的结构支撑体系，建立一套承重结构，它的强度以及建造手段是决定最终形体能够成立的重要因素。由于展厅地面不可以用膨胀螺栓等构件将框架加固，因而结构的坚固性和稳定性成为最重要的先决条件。从强度、灵活可拆卸及加工难易性的角度出发，同学们选用了木龙骨作为主体支撑体系。木龙骨在不同维度的复杂搭接类似于“掏空”的梁与柱，将多余材料去除，既经济，又降低自重。作为造型的基础，骨架的建造原则是巧妙合理地利用现有空间结构特点来使木框架满足支撑要求，并与环境有机的结合。

当学生开始建造的时候并没有一个非常清晰明确的具象形体特征，形体的骨架到底始于何处，终止于何处似乎都难以描述。一切的形态都依据最初设立的结构单元，由内向外的延伸。整个形体的动感和自由的延伸性是始终处于主体位置的，而整个作品的精神也就在于此。构架从地面生长，悬浮于半空中，它的形态和走势完全服从于形体与空间背景的关系。这座具有流动感的构架装置由于生长在毫无生命力的墙壁和楼梯之间，就像是宫崎俊的《哈尔的移动城堡》中那座充满梦幻感的城堡。

*和谐的外表－基层与表层*

金属网在结构体系中作为基层材料连接石膏和骨架。形体的发展随着学生对金属网的了解深度在演变。粗铁丝网的抗拉与抗压强度使它足以担当围合微小起伏的曲面的功能。在铺设金属网的过程中，他的柔韧性和伸展性决定了形体界面的基本的状态。同学们根据的骨架走势与疏密关系现场随机决定金属网的围合形式，使围合面随着复杂的木龙骨结构而变化。金属网的空隙可以使石膏易于附着从而使石膏自身的脆性特征变为可延展性。完成面和基础结构的连接是否吻合与协调是决定最终形体塑造的完整性的重要因素。同学们利用石膏和水的配比度所产生的介于液体与固体之间的物理特性，用刷抹的手法使石膏在液态时与金属网紧密结合，使石膏在刷抹过程中的厚薄变化与木龙骨结构的交接与转折相关联。当石膏固化表面经过打磨后，石膏层的形态犹如筋骨之上的皮肉，其走势顺着金属网的起伏清晰可鉴。利用金属网来帮助石膏这一厚重的材料来表现“轻”的视觉感受，体现了其他材料无法替代的制造效果。

小组的指导老师之一，金螳螂装饰公司总监王琼老师建议在敷设石膏时可以将部分龙骨和金属网暴露，这无疑是将形体的结构性进行了视觉的强化。裸露的结构搭接关系使形体变得生动并富有动感。人们的视线和行走的路线顺着裸露的构架和金属网，可以很清晰地了解形体骨架，基层、表层之间的结构关系，感受整个作品依附在空间结构上的生长和发展的动态形式。由此产生出的意想不到的视觉焦点，更在无形中将形体和人建立了一种互动关系。

*视觉游戏 -肌理*

如果让我们用一种物质将一个几十平方米的空间在一秒钟之内填满。那么答案一定是“光”。光在室内设计中往往是改变建筑界面的视觉效果重要的因素之一。在这次创作过程中,材料肌理的表现也是通过借助光对视觉的影响来实现的。我们在表现石膏肌理的创作思想中，依然是从“惟一性”出发，突破了往常利用模具或在石膏表面进行雕琢塑造的手法，而是强调石膏在刚兑水后瞬间的液态特征。石膏敷设在金属网上时的干湿程度，使金属网和石膏结合面产生出不同的薄厚关系，在石膏最薄的地方甚至可以清楚地看到细密的金属网孔与石膏颗粒的混合，而这种混合经过内部灯光的衬托后。形成了特殊的肌理效果，金属网因此成为表现石膏“透光”的媒介。材料的肌理是造型构件的表层、基层、光进行重叠的过程中所产生的影像。

*建造与创造*

参与这次活动的主要成员是即将进入毕业班的学生，可以说这是让他们在走向市场，成为一名专业设计师之前，对材料的一次自力更生的建造体验。整个过程是建造与创造相交织进行的。建造是理性的进化过程，从空间分析，框架体系设定，到基层与表层界面安装；同学们逐渐的了解石膏的干湿特点，并开始掌握一些建造的技巧，通过自己的努力完成了作品。而每个阶段中具体形式的创造却是感性的发挥，所有的学生在建造过程中都成了艺术家。每一次创作的灵感都是随着形体结构的发展而更新，与空间环境相结合，创造出运动感的多维形态。作为一个职业的设计师，我一直习惯于将作品呈现出一种优雅的状态，所有的界面和节点都应当是精准和细致的。正像所有的艺术院校所崇尚的将美学作为衡量事物的惟一标准。然而最终作品的“粗糙感”却使我感到兴奋。正是学生们略显笨拙的刮抹技术在石膏表面留下的凹凸不平的痕迹，使我们得以想像在建造过程中他们体验建造的快感。对我来说，整个创作活动是一个非常愉快的经历，他来自于同学们自始至终所保持的理性的建造精神和自由随性的创作状态。

## 设计教育·材料·实践

王琼

今年夏天有幸收到清华大学美术学院装饰材料应用与信息研究所的邀请，参加由他们主办，美国《室内设计》中文版、伦敦艺术大学英国创意产业中心、中国室内装饰协会和中国建筑工业出版社协办的全国首届“创意未来——装饰材料创作营”活动。我与中央美术学院建筑学院的杨宇老师负责造型肌理(GRG)小组，组员共有6名：清华大学美术学院学生董安康、宋宁宁、孙美全、杨子涵，中央美术学院学生张洋洋以及来自浙江的一位设计师范程成。

### 一、意义

接到邀请之后，我与主办方进行过交流，觉得这次活动非常有意义，有非常明确的目的：

1. 让学生走出校门，参与大量的设计实践工作。以这次材料夏令营为契机，使学生能够亲身参与到课堂之外的设计实践过程，能帮助学生真正理解设计活动，设计不是停留在脑海里的空间构想，也不是停留在纸上的概念草图(虽然这是设计想法的重要表现手法之一)，而更多的是要动手，亲身参与制作过程，这一点对设计教育来说尤为重要。

2. 目前国内设计教育中，实践的内容正在逐步增加，但是我觉得增加的幅度还不够大，还不能使学生将来一毕业就能真正参加设计工作。设计直接面对社会，需要学生直接参与进去，要给他们带来具体的运作方式以及设计制作的过程方法。从我的角度来说，我希望以大小作业想结合，大作业是最终的作品，小作业是对立项、定位、讨论、概念、草图、寻找原料、组合、制作等全部过程的每个节点的原始记录，并且在每一个节点，学生要学会发现自己的不足之处，并寻求解决办法。

三维概念模型1

3. 培养学生团队合作意识。设计师与艺术家不一样，一人无法完成全部设计工作，必须与他人配合。比如说酒店室内设计，不是室内设计师一个人就能独立完成的，还需要与业主、使用方、管理方进行沟通，与建筑、机电、空调等相关专业单位进行协调，与家具、软装、艺术品、灯光照明等配套设计单位进行配合，最后还得与施工方、监理单位、甚至材料商进行施工协调，这样才能使设计想法最终得到实现。

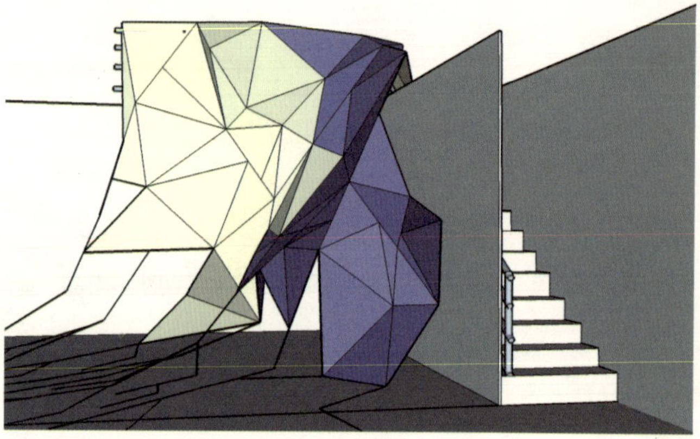

三维概念模型2

4. 让学生认知材料，了解工艺。要成为一个优秀的设计师，对材料的认知是不可避免的过程，每一个项目，材料上百种，甚至上千种，不同的材料有不同的肌理、表情、表现力，对设计来说，材料是重要的表现载体，设计的最终表现是靠材料来完成的，而工艺则是设计可行性的保证。

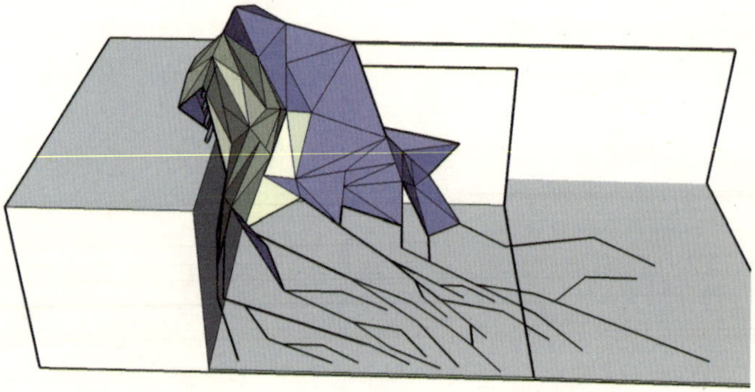

三维概念模型3

5. 社会实践活动是把课堂上的分类课程进行有机的整体打包，是一种正确、有效的训练方法论，通过活动将立项、策划、概念、徒手表现、CAD、建模、造型、色彩表现等环节结合为有机的流体状态，在这次活动中各环节都需要有一定的体现，而这恰恰正是将其最终付诸于设计的重要手法和惟一手段。在活动之后，学生们才能知道什么是最重要的，什么是需要重点学习，什么又是自己最需要解决的问题。

## 二、*方法*

就本次活动，我觉得应该重点考虑以下几个方面:

1. 让学生进行团队组合，有相对明确的分工，充当不同的角色，同时又要在一定的时候进行角色变化。在集体讨论中，让大家各抒己见，提取大家的共同点，研究和启发创作的基本方向，策划实施方法，同时学会相互之间的配合，体验工艺，培养动手能力，也检验学生所学到的知识，了解自己的不足及将来的发展方向，弥补改进。

2. 采取的形式，如前所述，大作业与小作业结合。将整个创作过程进行全面记录，寻找出一条合理、科学的创作作品的路径，这一点非常重要。让他们体会从概念到作品的产生是要经历什么样的阶段，这将对他们未来的学习有极大的帮助，达到非常好的结果。大小作业也是当前国际设计教育界比较流行的方式，是一个探索过程的流体状态，能验证最终的结果，能比较全面地检验学生的能力。

3. 深入了解材料、工艺，掌握材料的合理性和视觉性，研究工艺的可行性和独特性。材料的合理性是指满足人对材质的基本需求和符合人体工学的基本需求；视觉性主要是针对美学营造而言，是来自于人的一种本能体验，这种体验是支撑我们作为设计表达的一种基础，所以我们对质感的研究是要将每一种质感类型逐一了解，去分析它们之间的差异，在材料和单纯的表面肌理之间去寻找一种不同的关系。工艺的可行性是最终实现材料表现力、完成作品的保证；独特性则反映了学生在技术方面的原创精神。

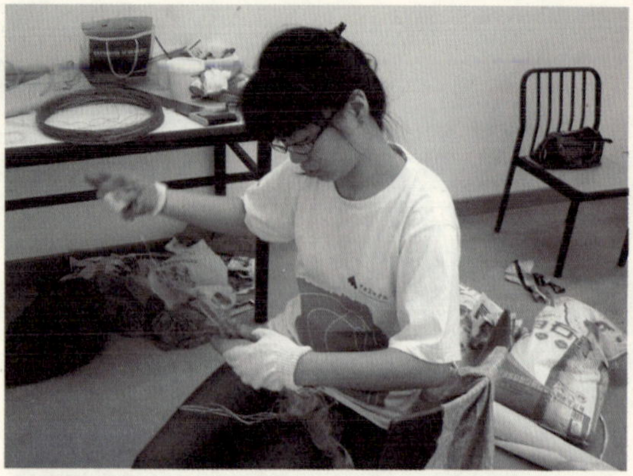

三、*过程(由始至终的流体状态)*

我们小组的活动集中在北京和上海两个地方，首先是同学们在北京对GRG材料进行前期的了解，接着赴上海义和建材，由厂方对GRG材料的特点、生产工艺与实际运用进行深入的讲解。同学们对这种面对面的学习表现出极大的兴趣与热忱，经与杨宇老师商量，我们当即决定在厂方会议室进行现场讨论，确定创作的基本方向。同学们思维活跃，积极发言，提出了许多生动有趣的想法，同时，我们也请厂方人员参与进来，对我们的想法提出意见和建议。

回到北京之后，同学们开始进行手工制作，先运用少量材料进行了一些探索性的小实验，他们由此发现了材料的丰富多彩，经过不同的处理，材料会产生令人意想不到的效果。

接着进行作品的创作，这个作品主要基于对石膏自重与塑性、强度的思考，他们尝试了先用木条搭龙骨，其在空间纵横交错，连接地面到跑马廊的部分，用铁丝网铺出圆滑的异形空间，再用宣纸或布条蘸取石膏缠绕在丝网上，形成比较稳定的有机形态，最后用与颜料不均匀调和的石膏自

然灌浇在上面，形成类似树挂的下垂形态。在结构底部使用体量大一些的掺了透明或反光材质的自制石膏板支撑，线形可以在镜面中被反射、延伸，丰富空间的层次。尤其到中后期，进行到形态的调整阶段，每个人都必须强化自己的空间想像力，充分挖掘形态本身的“生长、繁衍”的趋势与感觉，把握整体张力与细部丰富的平衡关系。在这个过程中，非常感谢中央美院的杨宇老师经常在现场给同学们指导，而我由于身处苏州，平时只能通过电话及电子邮件进行沟通，给他们一些意见，但在创作的几个关键阶段，我还是专程去北京与他们共同探讨、解决问题。

*四、成果*

纵观整个活动过程，同学们在立项、策划、材料实验、制作骨架、灌浇石膏、调整形态等各个环节都能了解到自己的问题出在哪里，并找到切实可行的解决办法。虽然此次实践活动以单一材料为对象，但是不管什么材料，其演变为作品的过程是基本一致的。同学们也在合作的过程中，学会了如何取长补短。

可以说这次活动基本达到了预期的目标，对设计教育的实践课程是一次很好的开拓性实验。

水空间小组

《人·城市·水》

## 前期调研

对于现代人来说，每天都要与水打交道。我们用水来洗涤，烹饪，甚至玩耍。尽管清洁的水是很宝贵的资源，但是多数人对其并不珍惜。然而这并不是问题所在，很多个世纪以来，人们用水来洗涤和淋浴，并进行仪式。这样重要的时刻被众人所庆祝。我们有必要再次提起水的含义，重新体验孤独与沉思。

## 关于 DURAVIT

有卫浴界的劳斯莱斯之称的德国Duravit，1817年在德国黑森林设立工厂，距今有着近200年历史，是世界洁具行业四大驰名品牌之一。以自行设计陶瓷卫生设备和浴室家具为主，并且以革新的路线和顶尖品质以及功能性获得多项国际设计奖，是第一个提供卫浴设备设计最完整系列的生产商。Duravit产品既符合大众的要求，同时又能满足个人风格的最佳设计，体现出了一致的风格并且提供了丰富多彩的样式以供选择。Duravit认为舒适和自由的活动空间是极为重要的，因为这样可以大大增加产品对消费者的吸引力。所有的设备都旨在提供舒适、放松和欢快的沐浴。

## 关于 汉斯格雅 hansgrohe

当汉斯·格雅1901年在希尔塔赫成立一个只有三名员工的工厂的时候，绝对不会想到它现在已经发展成为活跃在世界各地的一家跨国公司。可是hansgrohe成功了：凭借来自德国黑森林精湛的手工艺，凭借我们对生命之源——水不懈的追求，所有的这些都奠定了它成功的基石。Hansgrohe系列产品涵盖了浴室里一切与水相关的流程，高品质和持久耐用的花洒、龙头，创新的下水系列产品让它成为同行业中最具活力的企业之一。从第一款可调式手持花洒赛丽达到洗浴革命飞雨花洒系列，汉斯格雅一如既往对技术、设计和功用有着敏锐的嗅觉。汉斯格雅产品营造的浴室空间简洁优雅、温馨暖意，点点星光配以烛光的盈动，最易释放舒缓惬意的心情。

## 关于 KALDEWEI 德国卡德维

KALDEWEI公司一直是德国乃至欧洲浴缸、淋浴盆市场领导者。公司总部位于北莱茵——维斯特法伦州阿伦市，从那里生产的产品遍销世界各地。卡德维始终如一重视环境保护，主要材料钢和瓷釉完全取自天然并可回收利用。是惟一一家自己开发和生产瓷釉的浴缸制造商，拥有世界最大的烧釉炉。1958年卡德维终于成功地生产出第一个无缝浴缸；1973年卡德维成为欧洲第一位的浴缸制造商，并以卓越的生产能力及高质量的产品闻名于世。通过与欧洲最优秀的设计师合作，卡德维拥有卓越的产品设计。卡德维产品不仅由于它结实的3.5毫米钢瓷釉材料，还由于超越时代的造型设计历久弥新，辉煌30年，最好的证明就是卡德维公司历年所荣获的无数设计大奖。

作营
水空间小组
马赛克小组
软木
带队专家：
崔冬辉
带队专家：
邱晓葵
小组成员：
刘奕彤
同济大学
组长：杨紫
清华大学美术学院
小组成员：
职业设计师／北京
小组成员：
赵成旻（韩国）
清华大学美术学院
小组成员：
李文清
清华大学美术学院

DURAVIT

Bacino 班西诺

YiHe
义和建材

## 创作笔记

随着2007年8月27日“创意未来——装饰材料创作营”的开幕，我们便开始每天乐此不疲的奔波于创作与生活之中。我们水空间小组在8月28号晚上踏上了对水进行材料创作构思的征程，一夜火车的疲惫后，我们来到了上海——这个充满快节奏的现代化气息的都市，叠障起伏的高楼、川流不息的人群和车流让这个城市愈加繁华而嚣张。

8月30号是来上海的第二天，我们的目的地首先是坐落在上海的久事大厦，我们水空间小组的两个赞助厂家Duravit和hansgrohe就位于这里。先到的成员在大厅等候，我们都很激动于要参观学习这两个世界知名的卫浴产品公司。先来到了Duravit，公司相关人员热情接待了我们，不仅给我们举办关于公司产品材料的小讲座，还细心为我们准备了相关书籍资料，大家在欢乐轻松的气氛下了解公司悠久的历史、优质的产品、人性化的设计。

在幻灯讲解结束后,我们又到了展厅参观展品。明亮的展厅虽然不大但展品种类却很丰富齐全，同学们便兴奋地在展厅里参观研究起产品的外观和内部构造。展品中不乏许多大师的

经典作品，斯塔克就为Duravit设计了许多产品，从另个层面上说，Duravit的产品不仅从品质上甚至从外形上都具有非凡吸引力的精神内涵，这些都足以支撑这个卫浴界王者的光环。展厅里展品都有它独特的个性和体现的魅力，理性的、感性的、诙谐的、轻松的、精致的、知性的。我们在这次学习参观中愉快的交谈，对卫浴产品有了新的理解和认识，在这里对产品感官的视觉体验使我们情绪高涨了许久。

参观完Duravit后我们来到了同楼的Hansgrohe办公接待厅。Hansgrohe的陈先生也热情地接待了我们。首先，我们聚集在展厅听和蔼的陈先生介绍了公司的发展历史、重大事件和大师们为Hansgrohe设计的经典力作。

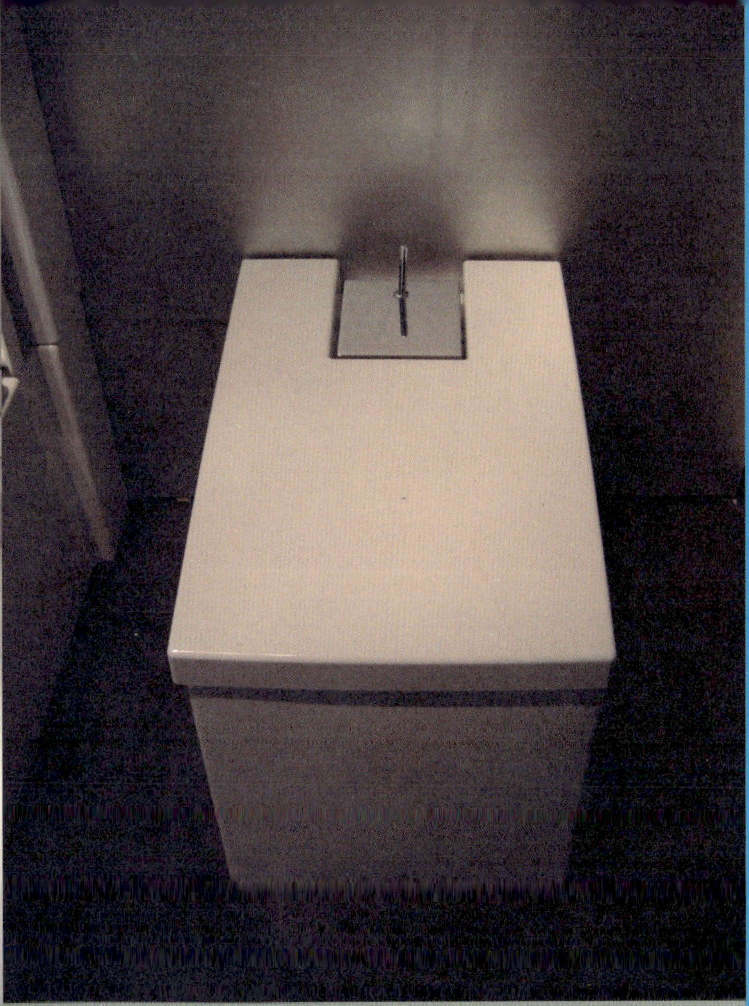

AXOR

参观完两个公司后已到中午。我们随后接到了KALDEWEI公司中国北京地区销售总经理王健的电话，他盛情邀请同学们吃顿中午饭。王总人非常好，热情、平易近人。我们在他的带领下了去了上海大时代广场，这也是KALDEWEI公司的上海办事处。王经理带奔波了一上午的大家在大时代广场大厦里吃了顿可口的港菜，大家边吃边谈，气氛很轻松很愉快。王总与我们聊了很多，聊产品、聊专业、聊社会、聊做人。在KALDEWEI公司上海办事处，王经理和公司另一负责人给我们讲公司的发展和卡德维产品一些特点，卡德维钢瓷釉浴缸30年品质，易清洗、防酸、耐刮伤，火烧不会熏黑等特点让大家大开眼界。

由于KALDEWEI的展厅和办事处不在一个地方，我们又辗转来到了KALDEWEI在金伯爵馆的展厅。宽大的展厅光的布置并不是很明亮，星星点点的射灯，都给每个精美产品洒上更显精致的光亮。其中，我们饶有兴趣地研究获reddot设计奖的“花生”缸，王总说这款在中国也卖得很好，由于外形轮廓像花生的外壳，就有了花生缸的俗称。我们小组成员和带队的邱晓葵老师、王总在各式经典的浴缸前面合影留念。

当天结束了三个公司的参观后，我们便回到了住的地方。当天晚上，邱晓葵老师就带着我们把白天所见所闻进行总结和启发，并针对水的课题展开了积极的讨论。我们讨论了人们与水发生的行为、水的形态、生活中水意象表现形式等，大家集思广益各自发表想法，最后我们初步定好了大的方向：一是要与这次材料创意营的另五组构成整体，部分与整体的协调统一、部分与部分的和谐；二是水作为我们组表现的材料的元素，水没有特定的形态，我们想用一种实时纪录的形式，抓住人们对水情感上的敏感性。

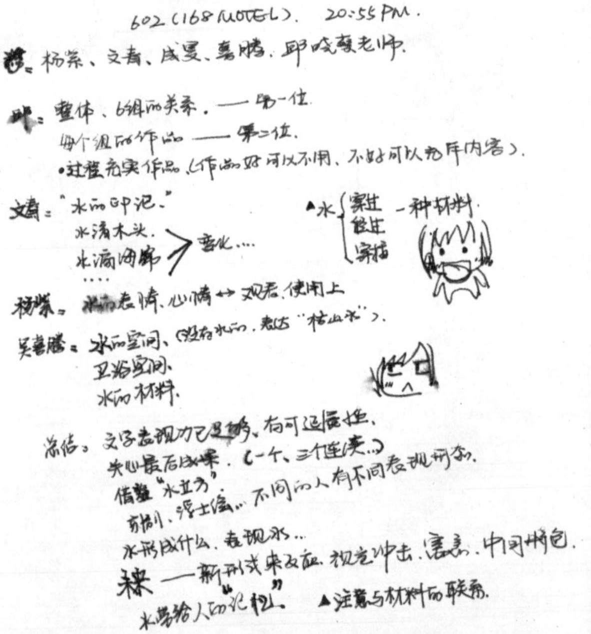


在上海的后两天我们还去了材料博物馆、庆峰蜂窝板集团公司参观，为我们以后的创作做更多的铺垫。结束了四天的上海之行后，我们踏上了回京的行程，满怀激动地开始后期的创作。

回京后第一天我们先拿到了展览场地六个小组的大致平面图，崔冬辉老师依照平面图和我们讨论场地大概布置的方位，我们先从平面入手先协调各个组和整个展厅大的整体的关系，大致定好主要的交通动线。充分了解场地信息后，我们去美院二层的咖啡馆开始讨论方案。因为崔老师有事没有去上海，我们先把在上海和邱晓葵老师讨论的大致内容和结果给他介绍了一下，然后开始填补具体的内容和讨论展示的形式。老师和我们都很认真，但讨论的气氛却一点也不紧张，我们把这次创作过程当成一个体验，一次有意思的尝试，希望做的东西给大家轻松的同时带上些思考就可以了。水是无形的，你给它一个形，它就有了形。所以赋予它的是什么，这很重要。不同的形式得到不同的功能，例如：水床、水沙发、水墙，我们一直在努力找寻有趣的载体，大家都很激动，经常连“说”带“比划”。

CHICAGO
83

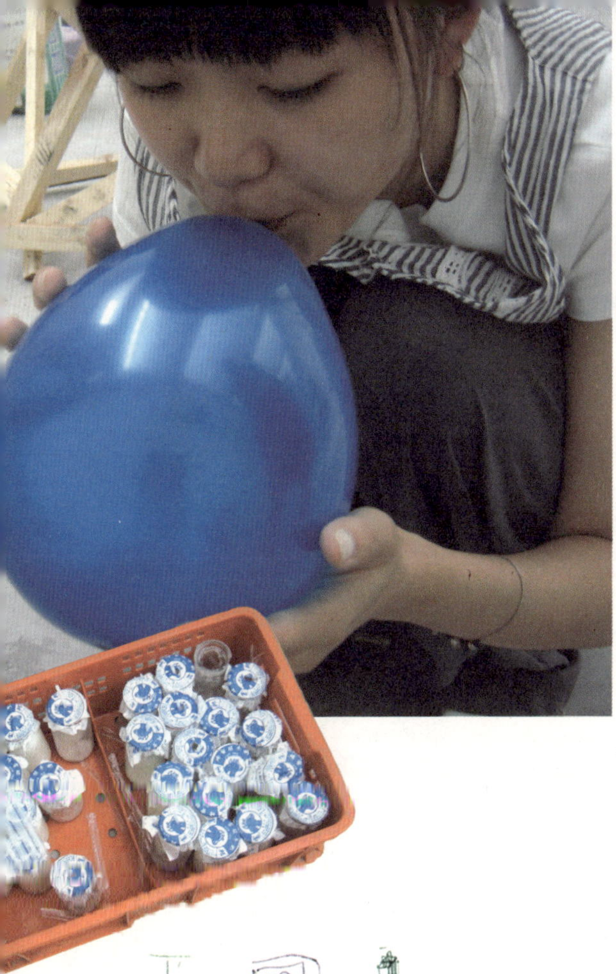

接下来的两天我们也与邱晓葵老师和崔冬辉老师有过深入形式的讨论。背景墙的处理，我们采取了气球装水在墙后打灯的展示方式，它们成片满铺时，水波轻漾、微光闪烁，我们觉得能感人带来有趣的水的肌理。接下来就是取样的瓶子，我们考虑兼顾了成本和造型，最终决定用1.5元的酸奶瓶。摆放的方式成了难题，因为装着水样的瓶子是很有重量的。一番讨论后的几种摆放方式。我们最后的展示结果也跟方案阶段有些许出入，这使我们感到不是非常满意。因为比如气球装水，有的气球质量太差，容易破，样水瓶的重量及没有天花没法用吊着展览的形式。

后面几天大家就开始各忙各的了。男生负责体力大危险系数相对高的工作：搭建构架、安装构件等，当起了勤劳的小木工；女生就负责调研及相对轻松点的工作。男生的工作质量很高，精益求精，完成得很迅速，框架外包材料是北新建材矿岩棉板。我们女生负责调研的作品围绕着5条线的关系展开，它们分别是：两个好友关系的女孩、一个年轻男老师、一个72岁的老人、一个外来北京旅游的学生。

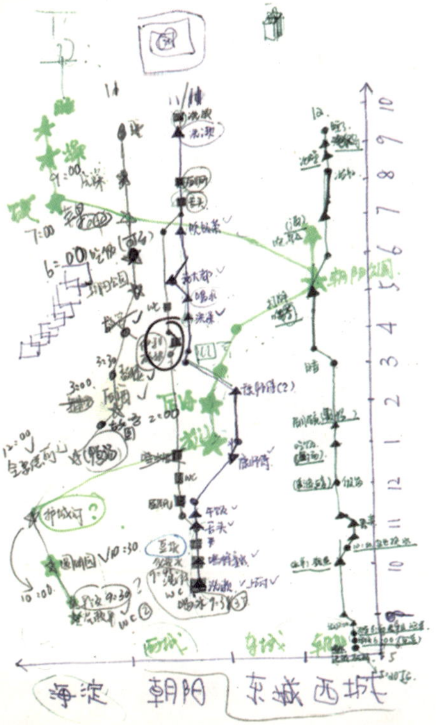

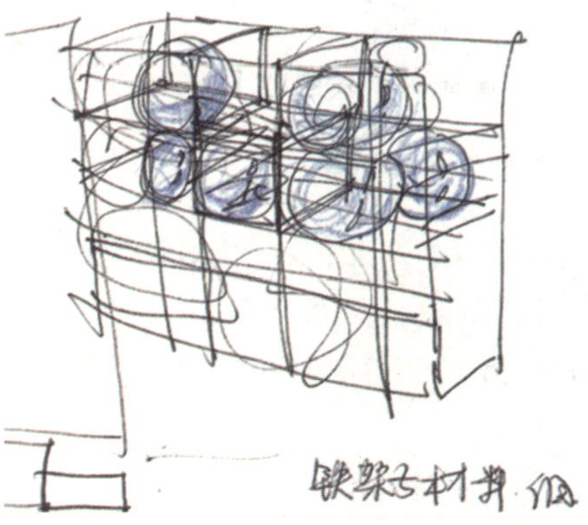

受访者

姓名：大月

年龄：21

职业：计算机多媒体制作专业学生

性格：浪漫、安静、情绪化

调研时间：2007年9月8日

当天接触水的信息：大多为生理生活需要用水

当天活动区域：朝阳区

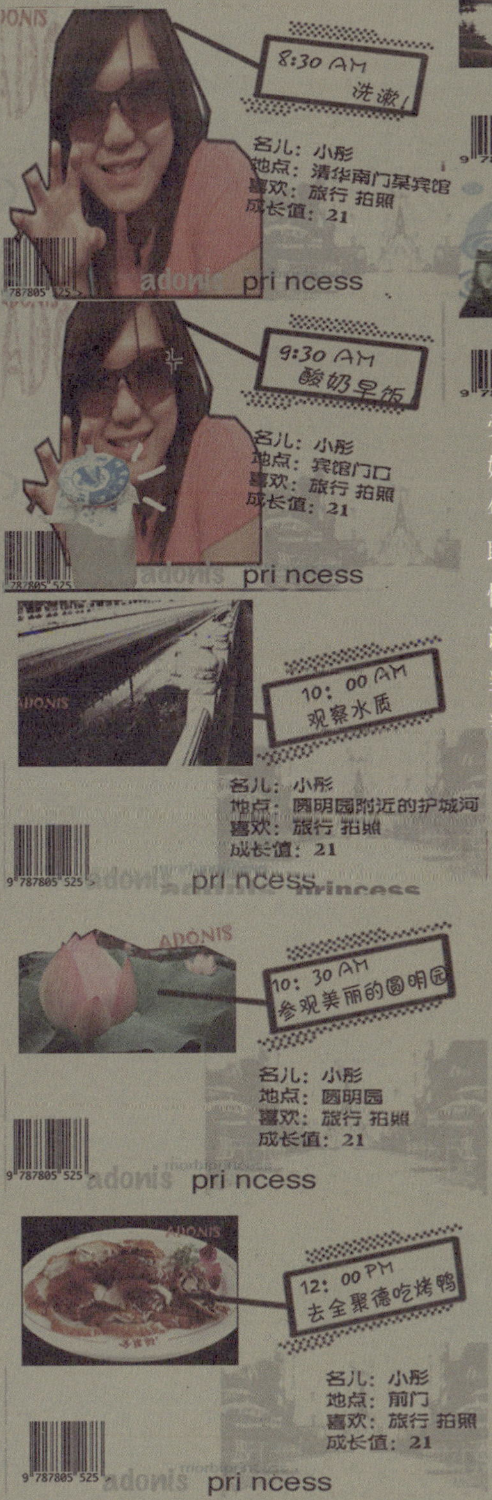


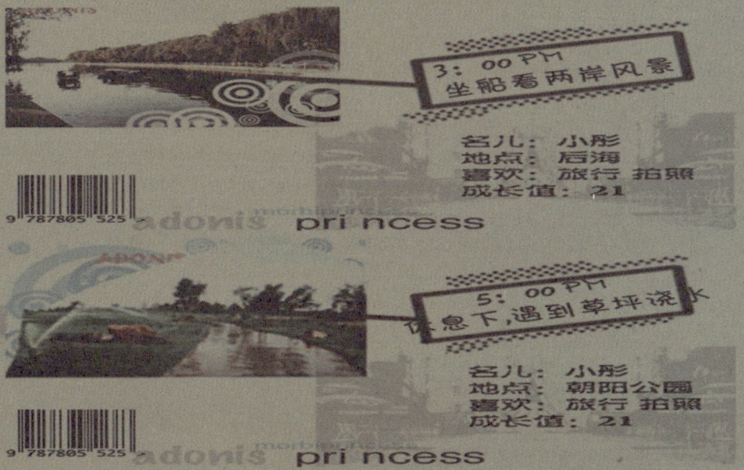


受访者

姓名：小彤

年龄：22

职业：上海某大学材料系学生

性格：沉稳、安静、

调研时间：2007年9月8日

当天接触水的信息，大多为地区景观水

当天活动区域：海淀区——东城区——朝阳区——海淀区

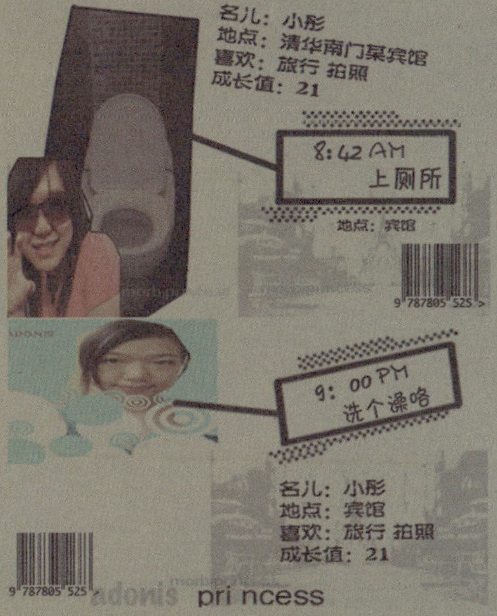

受访者

姓名：茜茜

年龄：22

职业：平面广告专业学生

性格：活泼、热情、喜闲逛

调研时间：2007年9月8日

当天接触水的信息：大多为生理需要用水

当天活动城区：朝阳区——东城区——朝阳区

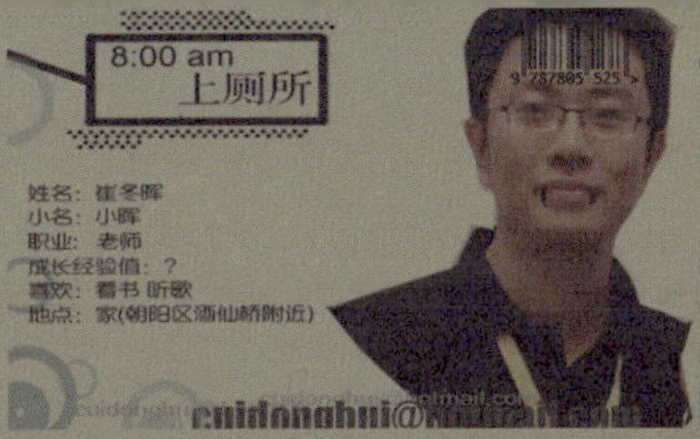


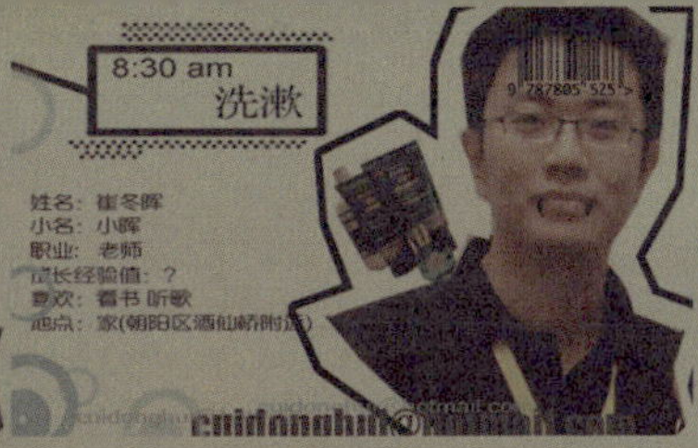


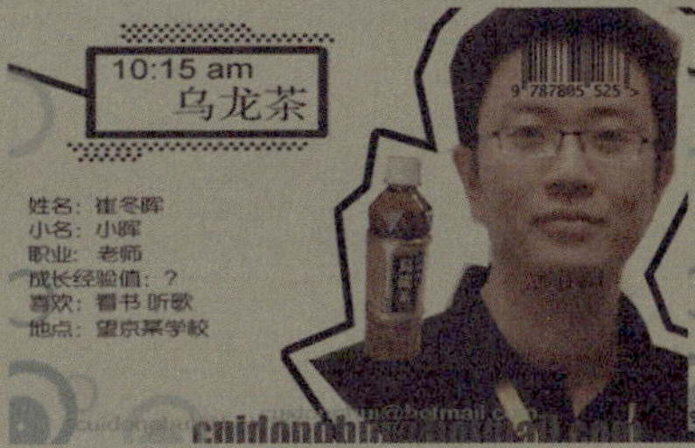

受访者

姓名：崔冬辉

年龄：32

职业：美术学院教师

性格：安静、稳重

调研时间：2007年9月8日

当天接触水的信息：大多为生理生活需要用水

当天活动区域：朝阳区

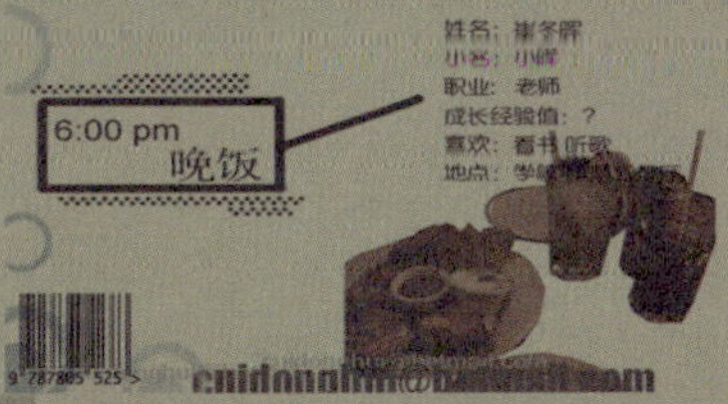


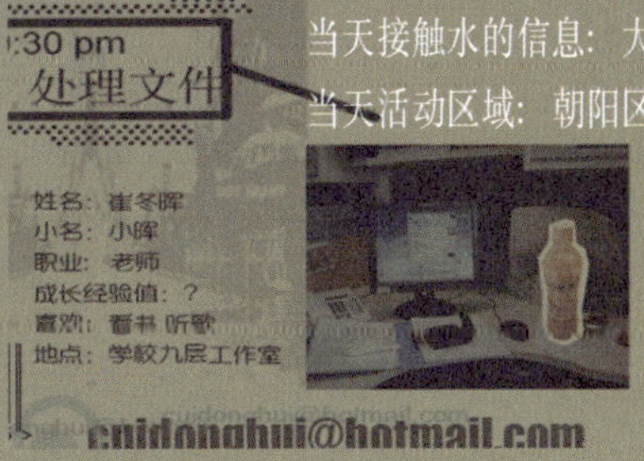


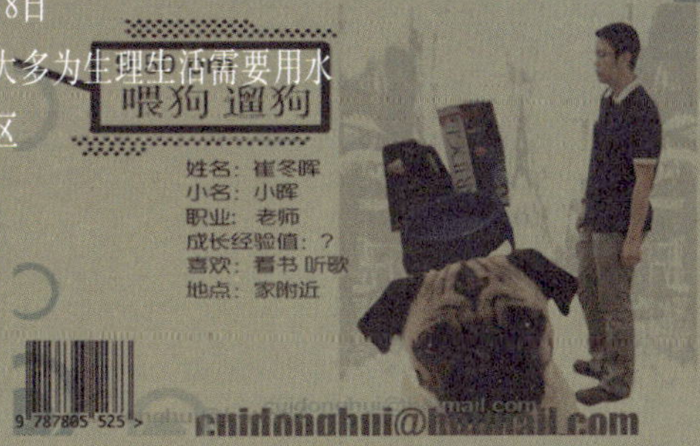

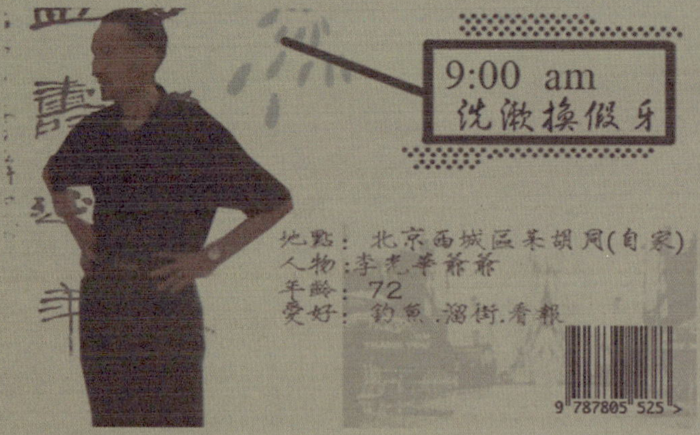


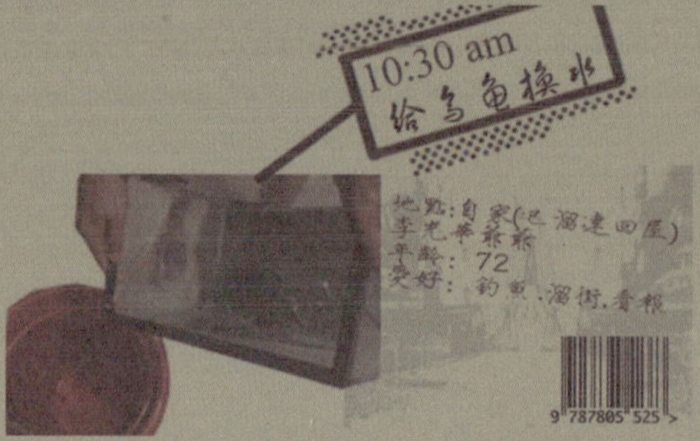


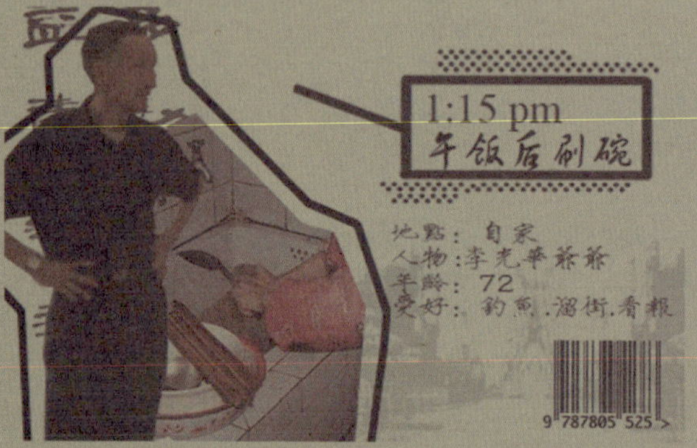

受访者

姓名：李光华

年龄：72

职业：退休

性格：开朗、细心、喜欢享受生活

调研时间：2007年9月8日

当天接触水的信息：大多为生活行为需要用水

当天活动区域：西城区——东城区——西城区

……

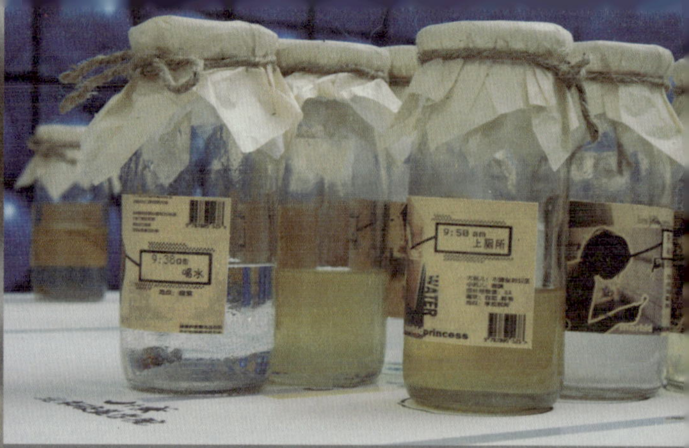

经过7天的后期制作，在9月14日，我们终于完成了我们的作品——水之信息“人·城市·水”。我们的调研很丰富很完整，每个样水瓶上都有不同的水的信息，时间地点事件的清晰和真实，使的它们很有看头很有意思。另外，墙面上一个个的蓝色的气球是水的细胞、水呼吸的泡泡，做完居然还有了水立方外墙的效果，让我们觉得很惊喜。

"人的一天和城市用水关系"通过几条线的关系表现人生活的用水信息和城市的关系。

## 作品概述

作品围绕着5条线的关系展开，它们分别是：两个好友关系的女孩，一个年轻男老师，一个72岁的老人，一个外来北京旅游的学生。

我们拿到水空间课题时，就认为水作为一种材料是一种很虚的东西，我们怎么表现这个虚无形，看透明的东西呢？是把它作为我们的材料，还是创作一种新的材料来表现它呢？最后，我们想把水做一个意识形态的一个虚空间，让人们随自己的认识来认识水，发现好玩的东西。

把水作一种剖析，反映在大家面前。我们的主题就明确成：人的一天和城市用水的关系。人的生活用水是很多纵线，城区这条是横线，它们之间相互交集穿插，再现人和城市用水的缩影，反映人、水之间的关系。我们采取记实性的调研取样方式，分别对这5个人的一天进行调查、取样，一条线是一个人，一个瓶是一天中的某个点。

背景墙的处理，我们采取了气球的展示方式，当它们成片满铺时，就有了水的肌理。一个个的蓝色是水的细胞、水呼吸的泡泡，做完居然还有了水立方外墙的效果，让我们觉得很惊喜。

错综复杂的世界里，人与人生活有交集，人与水生活亦有交集。

## 材料的艺术表达与呈现

邱晓葵

现代室内设计之所以呈现出前所未有的多元化、自由化局面，这是与设计师在利用材料、发现材料特性等方面所进行的探求不无关系，从而使现代室内设计形式语言出现了一些根本性的改变，继而又使装饰材料的从属地位也发生着一些根本性的变化。对材料的探索、挖掘和重组，不仅可以体现出室内设计作品更深层次的意义，同时这些千奇百怪的材料艺术表达也成为空间创作灵感的源泉，每一种材料都给我们带来无限的创作空间，它们本身虽然艺术特征不是很凸显，通常给人的是一种冰冷的感觉，但材料的再创作将会带来全新的视觉体验，市面上一些看起来有趣的材料往往也是经过了二次加工处理的结果。

在我看来，对现有材料进行艺术处理和加工就能形成独特的空间创作语言，从而丰富我们的创作手段，使那些块状的、面状的、条状的、板形的、液态的、固态的材料发挥出最大的效能。我们要用艺术的手法去处理材料，这原本和艺术家相关与设计师无关，但是在社会发展到今天，人们对空间的要求已不满足干净、整洁、便利这种简单层面上的需求了，而是开始增加对空间的情感追求、个性化、归属感与强烈的舒适性要求。由于材料是空间设计最终表现的关键环节，它的选择和细化就成为造就空间质量最重要的部分。

通常在空间艺术创作中，传统材料的运用和拓展是不可或缺的，要公平的对待每一种材料，它们价格的高低不能形成拒绝使用的理由，廉价材料往往非常环保、资源广阔、加工便利、成本低，由于“价廉物美”这些材料使用最广泛，用得多了，也就容易使人产生审美疲劳，不得已提高选材档次。这种求异的心理是可以理解的，不过廉价材料是否就这样给人一成不变的印象呢？我认为即便使用高档材料也未必就能够使人舒适和提升空间品质，高档材料同样需要准确与恰当的使用和再创作。

材料的质量及能否体现美感是摆在设计师面前的一个难题，我们是否有办法去改变并普及它？一些大师级的建筑师和部分著名的室内设计师已在材料创作方面有令人瞩目的作品，他们不在创作中十分用心的反复试验，往往通过材料的特殊处理就形成了空间的整体形态特征。然而在各地的学校教育中这点并不明显，学校的教学中多是局限在对材料性能的了解阶段，少有对材料的创新应用方面做任何探究。

这次由清华大学美术学院装饰材料应用与信息研究所杨冬江老师策划的“创意未来——装饰材料创作营”活动，是为材料创作开了一个好头，通过各方媒体的宣传，使更多的人了解到材料创作的重要性，也拉近了设计师与材料制造商的距离。这次活动让学生接触和了解了材料，虽然很有限，但它是一个很好的开端。无论学生还是老师，都在这次活动中受益颇多，这是生产商与设计师最近距离的接触，也是教学与实践最有效的途径。在这次活动中，我们发现对材料认识与创作可以有多种渠道，每一种材料都可以表现到极致，尤其用艺术的标准进行衡量。

马赛克小组的作品局部

由方晓风老师带领的马赛克小组，从他们的创作中能够看到，许许多多可称为抽象的艺术绘画作品，只要随意的构图，一幅幅斑斓的、彩色画面就映入眼前，这种经验一般很难在工程项目中看到，也只有在画册中略微瞥见。像这种小颗粒的材料的使用非常便捷，能够形成丰富的变化。我们在中央美术学院建筑学院的材料教学试验中，也有学生创作出了木材质感的马赛克拼图，成本很低。其实任何材料都可以切割成小块后再重组，形成新的视觉美感体验。

中央美术学院建筑学院材料课程学生作业

由我和崔冬辉老师带领的水空间小组的材料当然是水，水这种从形态上要借助容器才能成形的材料，在表达上确实有难度,直接使用可能性不大。在讨论中，我们提出了对水的不同表达方式，首先对水的色彩象征予以概括，选用的是蓝+白色系。另外对水的概念予以表达，思考的是人与城市和水的关系，通过对几个人物一天所接触到的与水相关的事件作为导引，向人们展现水的重要性和多样的变化，总结起来有：茶水、奶、尿、漱口水、果汁等在对水这类材料的使用方面，我们总结了一种包覆手法的使用，例如，包覆气球包覆石头等，这些透空的包覆或密封的包覆经过随意性的捆扎，艺术效果很容易呈现。

依靠白菜形态翻制的材料肌理样板

由王琼、杨宇老师带领的肌理小组的创作也能给人很好的启示，很荣幸在我的一再倡议下，杨冬江老师答应我们水空间小组和肌理小组同行上海，使我们了解了GRG材料的特性与加工的情况，我发现这是一个非常好的塑性材料，手感相当好，只是生产成本较高，也只能局限在上海加工。不过，通过肌理的塑造这一方法，我认为是最简便的一种增添艺术效果的手段，粉状液态的材料一般都适合塑形，比如石膏、混凝土，可以表现出任意的形状，它的可塑性强，主要依靠对模子的翻制，往往都需要模具。通过骨架的搭置进行后期堆积效果也是明显的，非常自由和具有艺术性。

肌理空间小组的作品

由刘铁军老师带队的软木小组的创作也十分能说明问题，对软木的创新应用，我想也许是编织，由于软木板可以弯曲一定的弧度，它比一般的木板就有了更好的表现能力，借助弧形表达更多的空间创作情感。编织本身的外延比较广，不单是线形材料能编织，任何有韧性的材料都可以到达编织的效果。以往工程中用软木最多是平放粘贴，现发现弯曲后的效果更让人耳目一新。

材料的创新依靠社会各界同仁的努力与支持，需要设计师在创作中努力实践，更需要学校教育就学生在校期间进行开发，让学生对材料有认识和切身体验，不光停留在课堂知识的传授和满足于对市场材料的了解。全国各艺术院校的建筑环艺的师生尤其应担负起这个重任，因为我们离艺术最近，我们可以从对美的理解方面为空间创作提供更好的材料使用途径。我认为一旦发现取材的范围可来自于生活中的每个角落时，设计者就应尝试各种途径去发挥材料的最大极限，或软、或硬、或轻、或重，不管使用常规的或非常规的手段和技术，甚至使用破坏性的手段，其最终目的就是追求发挥材料的特殊属性并为我所用。

在中央美术学院建筑学院材料教学中，我们通过三个命题进行材料试验教学的探索。

命题一:材料形态的塑造

设计中肌理效果的运用越来越成为设计作品实现个性化的有力手段。这已成为现代设计增强室内视觉艺术效果最有力和常用的手法。许多优秀的设计师在巧妙利用肌理美的同时，还积极探索各种艺术手法来发掘、创造肌理美。我们在教学中，利用加气混凝土材料作为练习的对象，这种材料价格低廉并且操作和加工都相对容易，已成为中央美术学院建筑学院材料教学首选塑形材料。

肌理塑形练习所选择的加气混凝土材料

命题二：多种材料的组合

实际工程中单项材料的使用能形成较为整体的效果，然而，一个空间往往由多种材料组成，它们经常你我相连，之间的协调与共存是材料创作中最难协调的问题，我在课题设置中加入这一练习，目的让学生能处理和协调好材料与材料之间的搭配问题，以形成最佳的解决方案。多种材质的搭配一般有两种手法，材质的对比既有相似材质的对比，又有多种材质的对比。相似材质配置，是对两种或两种以上相仿质地材料的组合与搭配。运用相似材质对比易于体现出材料的含蓄感和精细感，达到微差上的美感。多材质的配置，是数种截然不同的材质之间的搭配。如坚硬的材质与柔软的材质，粗犷的材质与细腻材质等的配置，相互显示其材质的表现力和张力。就多种材料的组合的练习，目前教学上还未找出最佳的教学方式，实验效果并不理想，有待我们进一步推敲。

命题三：材料的拓展与挖掘

实际工程中已有很多不错的实例，我们在教学中也获得了不少的可行性探索的材料样板，教学虽有很大的难度，但从每年的教学成果上看，学生的创作潜能是巨大的，通过寻找材料，换种角度使用材料和进行简单的加工处理，一种变不可能为可能的材料就呈现在面前，这一方法虽然成功的几率小，不过只要能打破对材料固有的认识，把一切认同为材料，就有希望拓展材料的空间。当然对材料的外延的拓展需要有一定的手段和对艺术与美学规律的认识与总结，不是胡乱堆积就成的。

中央美术学院建筑学院学生材料作业

## 室内装饰材料应用与表现力创作的教学思考

崔冬辉

如同建筑一样，室内设计也有其构成的要素，如空间、材料、陈设、照明等，这些因素构成了一个完整的室内空间，为人们提供不同类型的服务，是人们生活中的一个重要组成部分，其中材料的运用在室内设计中起着相当重要的作用。室内界面的基本构成就是材料，其中，视觉形象构成主要是色彩，触觉表面的构成是肌理，这些要素在人们心理上发挥不同作用，为人们带来不同的感受。满足人们不同的心理和生理要求，从而产生了丰富多彩的室内设计。

任何一个室内设计都只能符合某一部分或某一种人的心理状况，而人类的心理变化是复杂多变的，所以设计具有群体意识，一种设计作品能够与相应的群体产生共鸣，形成一个时尚，这就是风格。就设计本身讲，本无好坏之分，其群体概念的不同决定了判断设计的依据。材料本身也是这样，就材料本身而论并没有审美上的本质区别，是人们的群体意识赋予了材料像人类个性一样复杂的性质。材料的分类方法很多，以形成方式可以分为：天然材料和人工材料。材料就其使用领域的不同也有不同的分类方法，但是作为室内设计的装修材料，主要靠材料及做法的质感、造型及颜色三方面因素构成，也即常说的建筑物饰面的三要素，这也可以说是对装饰材料的基本要求。

*一、室内材料在室内设计中的重要性*

作为建筑的室内，首先要满足功能的需要，而材料的运用与室内功能有着重要的联系，室内材料符合功能需要，功能决定室内材料。一个成功的室内材料运用，首先是建立在材料与功能关系协调基础之上的。性质不同的室内，有着不同的使用功能，相同性质的室内也有不同的室内功能，其室内的时间、空间、文化等因素，造成了材料使用的千变万化，变化的规律就是材料运用要符合功能。

室内设计材料构成也是影响人们心理变化的重要手段。根据室内为人服务的设计目的，一切构成要素都应以人的生理与心理作为设计的依据，其中材料和质感与色彩直接刺激人们的感觉使人们产生各种心理反映，营造一种室内气氛，更加易于人们在室内中的行为。心理变化产生大多是由于人们的生活习惯与一般经历造成的，具有地域性和时间性的双重性。不同的材料给人们的心理感受也不尽相同。随着时代的发展，新材料不断产生，而人们对于这些新材料的感受是依据类比性质决定的，这种新型材料类似于我们以前所见到的某种材料，那么它的性质，将与这种材料相联系，如果这种材料具有几种以上的材料性质，那么人们对它的心理感受，就是这几种性质的叠加(当然以一种为主)。

室内设计中的材料对室内设计的风格也起着重要的作用，室内设计伴随着建筑的出现而产生，它与人类一起经历了从原始到现在的全过程，也将一直伴随我们发展下去，早期室内设计的演变与建筑的发展有着密切的关系。随着时代的发展，室内设计的发展速度越来越快，已超越了建筑的发展速度，有脱离建筑独立发展的趋势。新材料新工艺的应用在室内设计中更为方便、快捷。室内设计的历史也经历了古典主义、现代主义、后现代主义的全过程，其室内风格不断变化(所谓风格就是指室内设计的艺术特点，也就是形式美)，其主要取决于室内设计的艺术思想，表现在室内设计的各种方面，其材料的发展和运用是至关重要的，材料与技术的发明推动了室内设计的发展，而室内设计的发展同样为新材料、新工艺的发明注入活力。人们的审美情趣主要体现在对具体形态的认识感受上，这主要是由于人们对具体形态易识别性造成的。随着材料工艺的迅猛发展，钢筋、混凝土结构代替了石和木结构。钢框架混凝土、玻璃、镜面石材已经有了自己的技术应用空间，于是一场人类思维观念有了革命性的发展。

装饰材料的组合对环境整体效果的作用不容忽视，要根据空间的功能、艺术气氛、业主的年龄喜好等来选择组合不同的材料。在室内空间设计中，从界面到家具，从隔断到陈设，应当是各种材质简约与丰富、质感与品位、实用与个性的相互照应、有机组合。在越来越强调个性化设计的今天，装饰材料的组合将成为室内设计中空间材质运用的新课题

## 二、*材料认知与再创造在教学中的现状与产、学、研脱节情况的思考*

室内设计教育中，对于材料的认知与了解，是学生更好延展创意与思维，并将之实施化最重要的手段。可以说，对于室内设计来说，材料的认知度与材料表达性的控制是衡量设计师个人水平的重要标准之一。但是，在当下的各高校室内设计教育中，对于室内装饰材料认知与再创造的课程首先在课程重视程度上就往往被忽视与忽略。另外，很多学校对于这一课程往往流于表面文章，仅仅是对于部分材料的简单文字描述，偶尔放几张照片了事。这样的教学过程，自会带来两大缺点：首先，学生无形上会轻视室内材料的认知与再创造这一重要设计过程。另外，材料对于设计概念的表达是如何体现的，这一重要设计衔接也将被学生忽视。很多高年级的学生，往往在长课题设计课程中，也只是考虑到几大界面的

颜色。认为室内材料仅仅是电脑建模过程中，一个材质球中的贴图文件而已的学生大有人在。这样的教学形式周而复始，造成了今天，中国室内材料市场极为丰富，而从象牙塔中走出的学生则对于这一切几乎是无知状态的尴尬“断链”现象。介于此，建立一个真正稳定的，定期的来探讨室内材料生产、形态、利用及再创造的科研基地的工作迫在眉睫。

三、*材料认知与再创造活动的意义与存在价值*

正如上一段落所描述的现状来看，室内材料认知与再创造的教学环节出现了脱节的现象，我们本次的“创意未来—装饰材料创作营”正是室内材料认知与再创造教学、研究、认知三位一体的重要尝试。这次活动的新闻通稿是这样描述的：“材料是建造的基础，材料的性能决定了建造的可能性。同时，人们对于材料性能的认识也在实践过程中不断丰富和深化。当前，环境艺术领域中的新技术与新材料层出不穷，发展迅猛。新技术、新材料的大量出现，极大地丰富了设计成果的形态，并影响到了设计思维与观念的转变。同时，人们对环境保护、可持续发展观念的日益重视，改变了传统材料的格局，材料带动设计已日益成为一种趋势和方向。”可以说这一描述准确表达了这一活动的主旨与目标。

在这一活动的过程中，我深深体会到了作为一个室内材料认知与再创作的探讨设计活动，对于国内室内设计教育的重要性。活动将厂商、教育单位、学生、专家、媒体很好的结合在了一起，完成了学生对于材料的理解、感知、创作的重要过程。虽然整个过程时间较短，但是作为一个开始，这是室内设计教育的一个重大突破，正如郑曙旸 教授在活动开幕时说的：对设计专业来讲，不管是环境艺术还是产品设计，材料是进行一切创作的源泉，而且它是最基础表现我们创意最重要的因素。但是长期以来由于我们设计专业的发展基础没有在工业文明积淀的基础上进行，所以我们偏向技能型纸面的训练，而忽视了创作性材料发挥。因此，这次活动在教学层面是非常具有开创意义的。

很开心
每个瓶子都记录着我们的调研过程

感谢以下机构对于本次实践教学活动的大力支持:

三雄·极光®照明

BISAZZA

DURAVIT

BNBM

KALDEWEI
德国卡德维

汉斯格雅
hansgrohe

YiHe
义和建材

JILINK®
静林软木地板